滇池流域

鸟类观察手册

廖峻涛 著

科学出版社

北京

内 容 简 介

　　滇池流域鸟类多样性极为丰富,目前记录鸟类 393 种。本书是作者基于长期的教学、科研实践,针对这一区域鸟类编写而成的野外观察指南。本书分为总论和各论两部分。总论系统介绍了滇池流域鸟类概述、鸟类野外观察方法及滇池流域鸟类观察线路;各论收录了流域内 225 种常见鸟类,简要介绍鸟种名称、特征、生境、习性、居留情况、保护级别等,并配以原色图片,用于展示鸟类雌雄、成幼、冬夏羽的真实形态。

　　本书适于高校生物学、生态学专业的野外实习使用,也可为科研人员提供参考,对于观鸟爱好者也是一本良好的识鸟、赏鸟指南。

图书在版编目(CIP)数据

滇池流域鸟类观察手册 / 廖峻涛著. —北京:科学出版社,2020.6
ISBN 978-7-03-065049-8

Ⅰ. ①滇… Ⅱ. ①廖… Ⅲ. ①滇池 - 流域 - 鸟类 - 观察 - 手册
Ⅳ. ① Q959.7-62

中国版本图书馆 CIP 数据核字(2020)第 078735 号

责任编辑:王海光　王　好 / 责任校对:郑金红
责任印制:肖　兴 / 封面设计:金舵手世纪

科学出版社 出版

北京东黄城根北街 16 号
邮政编码:100717
http://www.sciencep.com

北京九天鸿程印刷有限责任公司　印刷
科学出版社发行　　各地新华书店经销

*

2020 年 6 月第 一 版　　开本:880×1230　A5
2020 年 6 月第一次印刷　　印张:8 1/4
字数:258 000
定价:149.00 元
(如有印装质量问题,我社负责调换)

前　言
PREFACE

　　滇池流域地处云贵高原低纬度高海拔地区，位于长江、珠江和元江三大水系分水岭地带，"春城"昆明和"高原明珠"滇池均坐落其中。在漫长的历史长河中，滇池流域独特的地理环境和气候条件孕育出了璀璨的古滇文化，同时也涵养了丰富的鸟类物种多样性。目前，滇池流域共记录到鸟类18目54科393种，约占云南鸟类种数的43%、我国鸟类种数的27%。

　　优越的自然环境、便捷的交通条件和丰富的鸟类资源，不仅为生物学、生态学的教学实习和科学研究提供了极具特色的工作对象，也有助于培养和提升广大青年学生的环境意识、综合素质和野外实践能力。考虑到目前尚没有系统介绍滇池流域鸟类的参考书，为满足教学、科研工作中鸟种识别的现实需求，笔者在长期的教学、科研和野外工作积累的基础上撰写了本书。本书分为总论和各论两部分，收录滇池流域常见鸟类225种。其中，总论部分系统介绍了滇池流域自然地理及其鸟类概况、鸟类野外观察方法和滇池流域鸟类观察线路；各论部分则是鸟种生物学、生态学特性的简要描述。本书介绍的鸟类均不涉及种下分类问题，并按照《中国鸟类分类与分布名录》（第3版）（郑光美，2017）的分类系统进行编排，以便读者参考使用。

　　千百年来，当地居民在滇池流域繁衍生息，形成了与自然共生的传统模式，但随着现代化的进程，作为云南较早开发、较为发达的地区，滇池流域承受了巨大的生态压力，自然环境、野生动植物均受到了很大破坏。希望本书能够唤起人们对鸟类的兴趣，了解鸟类、亲近鸟类、保护鸟类，认真思考自己的生活方式，重构人与自然的和谐关系。

　　最后，衷心感谢李承祐、陈明勇、姜志诚、董永华、柳江、李正玲、李泽君等同行提供精美的照片，感谢钟荣华博士的热心帮助。

　　由于水平有限，书中不足之处在所难免，恳请读者和同行专家批评指正！

廖峻涛

2020 年 3 月

目　录

CONTENTS

总　论

各　论

总

论

1　滇池流域鸟类概述

1.1　滇池流域自然概况

　　滇池古称滇南泽，又名昆明湖、昆明池、滇海，位于云南昆明西南部，有盘龙江、洛龙河、捞鱼河、东大河等大小20余条河流注入，湖面海拔1886 m，面积330 km²，素有"高原明珠"之称。该流域为南北长、东西窄的湖盆地，地处云贵高原低纬度高海拔地区，位于长江、珠江和元江三大水系分水岭地带，坐标为24°29′N～25°28′N、102°29′E～103°01′E，流域面积2920 km²。流域为低山 - 低中山地貌，地形可分为山地丘陵（约69.5%）、淤积平原（约20.2%）和滇池水域（约10.3%）3个层次。地势起伏和缓，高原面保存良好，一般海拔在1500～2800 m。整个流域属北亚热带低纬高原山地季风气候，气温年较差小，流域雨期长，雨量充沛，年平均降雨量为1035 mm，约有80%集中在5～10月，年平均相对湿度达73%～75%，有四季如春、干湿季分明的特点。植物为典型的高原山地植被，其中以常绿阔叶林、云南松林分布最广。

1.2　滇池流域鸟类概况

　　滇池流域独特的地理位置、地形地貌、气候条件和悠久的人文历史，造就了丰富多样的鸟类物种多样性。20世纪50年代前，该区域从未做过鸟类资源的针对性调查和专门研究，直至1984年，云南大学王紫江等学者才根据新中国成立后二十多年的调查资料和云南大学动物标本馆馆藏标本发表了"昆明地区的鸟类区系"，系统介绍了昆明地区的266种鸟类，其中涉及滇池流域的鸟类217种（王紫江等，1984）。

　　随着环境气候的变化和经济社会的发展，滇池流域的鸟类组成也在不断发生变化。王紫江等（2015）按照时间顺序将1958～2013年共50余年来该区域鸟类种类和数量的变动情况大致地划分为三个阶段：1963年以前为该区域鸟类种类较多、数量最多的时期，共计鸟类316种，平均遇见率为125.3只/h；1963～2000年是种类、数量最少的阶段，有270种鸟类，平均遇见率仅有 51.1 只/h；2001～2013 年，鸟类种类达到了最大值，为 374 种，数量逐渐得到恢复，平均遇见率上升为 94.3 只/h。在半个多世纪的时间内，流域内约有 50 种鸟类消失，但也先后增加了 109 种新纪录，其中还包括了彩鹮、铁嘴沙鸻、蒙古沙鸻、翻石鹬、斑尾塍鹬、黑腹滨鹬、小滨鹬、中杓鹬、反嘴鹬、灰翅鸥、三趾鸥、白翅浮鸥、红嘴巨燕鸥、长耳鸮、黄腹鹨、灰喜鹊、家麻雀共 17 种云南省新纪录和钳嘴鹳 1 种中国新纪录。

一般认为，导致 1963～2000 年滇池流域鸟的种类和数量迅速减少，甚至连最常见的麻雀、小嘴乌鸦和喜鹊都难以得见的原因，与当时该区域城市化、工业化的快速发展、围湖造田造成的滇池水面积急剧缩小、滥用农药和大量排污导致的环境污染，以及滥捕滥猎等人为捕杀密切相关。21 世纪初，随着社会经济的迅速发展，以及人民环保意识、生态文明程度的提高，流域内生态环境发生了很大变化，城镇绿化率大幅提高，滇池得到有效治理，为鸟类的生存繁衍提供了良好的栖息环境。

截至目前，滇池流域内共记录到鸟类 18 目 54 科 393 种，约占云南鸟类种数的 43%、我国鸟类种数的 27%。其中，国家重点保护鸟类有 54 种，占我国重点保护鸟类的 26.1%；中国特有鸟类 11 种；被《濒危野生动植物种国际贸易公约》（CITES）附录收录的种类有 36 种；《中国濒危动物红皮书》中收录的珍稀濒危物种 34 种；《中国物种红色名录》中收录的近危以上物种 27 种。在所记录到的 393 种鸟类中，以留鸟种数最多，有 213 种，占鸟类总种数的 54.20%；冬候鸟 85 种，占 21.63%；夏候鸟 33 种，占 8.40%；旅鸟 38 种，占 9.67%；仅有 1 次或 2 次记录，居留情况不清楚的有 24 种，占 6.11%。而从区系成分来看，在 246 种留鸟和夏候鸟中，东洋种有 147 种，占所有繁殖鸟类的 59.76%，古北种有 55 种，占 22.36%，广布于古北界和东洋界的鸟类有 44 种，占 17.89%。

总体来看，由于地理位置、海拔高度、植被类型、气候条件等因素，造成了滇池流域鸟类的多样性、区系成分的复杂性及鸟类垂直分布的明显差异，使得滇池流域成为开展鸟类分类、区系生态、动物地理、自然保护等方面教学科研的理想基地和观鸟旅游的良好去处。

2　鸟类野外观察方法

鸟类是现存陆生脊椎动物中数量最为庞大的类群，广布于森林、灌丛、草原、农田、湖泊、海洋、城市等各种环境中。鸟类的野外观察是指在自然环境中通过肉眼或利用望远镜、录音器材等工具，在不影响野生鸟类正常生活的情况下，观察并记录其种类、数量、鸣声、行为、生境，以及时间、地点、气候条件等相关信息的活动。

2.1　制定计划及物资准备

为达到野外观察鸟类的预定目的，应制定安全、周密的工作计划，须考虑到：工作目的、观察对象、工作时间、工作地点、经费预算、行程路线、人员配备、预期成果，以及注意事项、行动要求、物资准备等诸多方面。

参加观察的工作人员都应认真熟悉计划的内容和要求，并按照计划提前完成相应的工作安排和身体、心理、物资等方面的准备。例如，根据开展工作时的季节和地点准备便于活动并与环境协调的衣服、鞋帽、雨具，以及干粮、饮用水、药品、电筒、头灯等。此外，还应当准备好观鸟望远镜、实用鸟类图鉴和必要的文具。

观鸟望远镜　望远镜是观察鸟类时最常用的必备工具。在滇池流域观察鸟类，有条件时应尽可能携带分别用于观察水禽和林鸟的专门望远镜。一般说来，30～60倍的高倍望远镜适合观察水禽，但体积较大，比较笨重；而观察林鸟用的望远镜以质量较佳、便于携带的8～10倍双筒望远镜为宜。

鸟类图鉴　为便于在观察时"看图识鸟"，还应准备1～2本实用的鸟类图鉴。地方性的鸟类图鉴有助于快速识别当地记录过的鸟类或在图鉴中涉及的鸟类，但所记录的鸟种一般都不太完整，此时就需要借助全国性鸟类图鉴来进行识别。因此，最好能够同时携带有全国性和地方性的鸟类图鉴各一本。

文具　在观察时应及时记录、描述，有时还需要绘制现场情况，因此携带提前准备好的表格、笔记本、纸张、铅笔等是非常必要的。

2.2　鸟类野外观察要点

快速、准确地辨识鸟类的种类是开展鸟类野外观察的基本要求。一般而言，只要认真观察鸟类的形态和习性，仔细聆听其叫声和鸣唱，经过一段时间的野外训练，是能够掌握在鸟类出现或鸣叫的短暂时间内迅速识别鸟类的技能的。在实践过程中，可以从以下4个方面来提升野外辨识鸟类的速度和准确率。

（1）收集前人的资料和记录

自然界中不同区域鸟类的组成均不相同，且各具特色。就某一个小范围的区域或地点来说，大多会有前人曾经开展过的调查资料、观察记录等，如果能够在开展鸟类观察之前收集相关资料和记录，并整理形成该地区的鸟类名录，在开展观察时，就能做到"心中有数"，有助于快速、准确地识别鸟类。但是，当发现以往没有记录过的种类时，就需要特别谨慎，仔细观察，确定种类，详细记录。

（2）依据季节和环境辅助识别

许多鸟类具有随季节变化往来于繁殖地和越冬地的迁徙习性，据此，鸟类学家将鸟类划分为留鸟、候鸟、迷鸟几大类。在实际工作中，结合对不同鸟类栖息、活动环境的认知，就可以帮助我们对某一季节特定环境内可能出现的种类进行大致的判断。例如，夏季漂浮在滇池水面上的游禽一般不应该认为是雁鸭类，原因在于滇池流域的绝大多数雁鸭类是冬候鸟，夏季见到的可能性不大，故应考虑是否为滇池游禽中的常见留鸟，如小䴙䴘、黑水鸡等。如确认是雁鸭类，则应从少数留居滇池水域的斑嘴鸭去分析，通过这样一个观察、分析的过程，就可以得出比较可靠的结果。

（3）仔细辨识鸟类的姿态和鸣声

鸟类在飞翔和停歇时的姿态是我们在野外识别鸟类的重要依据。观察时应注意鸟类的起飞方式和飞行姿态，如鸟类是直线起飞，还是助跑后起飞；是直线飞行，还是波浪式飞行；在空中是否有快速振翅，是否有垂直起降的行为，在树林中是否呈鱼贯式穿行等。此外，还应该注意鸟类停歇的位置和姿态，如是在树木顶端、枝叶间还是树下灌草丛中停歇，是否在树干上、岩壁上攀爬，停歇时身体是否直立或水平，尾部是否上下摆动或左右摆动等。

鸟类的鸣声具有物种特异性，有的还因雌雄而有差别，甚至不同地区同一种鸟类鸣叫的声音也存在一些差异。因此，在实践中逐步学会辨别鸟类的鸣声，对于识别鸟类是非常有效的，特别是对一些隐蔽在密林中、难以发现、安全距离较长的鸟类，凭借所听到的鸣声进行识别，可收到事半功倍的效果。

（4）顺序观察鸟类的外部形态

在实际观察时，最直观的认识就是鸟类的形态特征。第一，一般先注意到的是鸟类大致的体形。我们可以用自己最熟悉的鸟类作为标准进行判别，设定标准时注意"形象具体、便于掌握"，便于快速与观察对象进行比较。例如，与麻雀体形相似的有金翅雀、燕雀、山雀、朱雀；与八哥体形相似的有椋鸟、鹎类；与喜鹊体形相似的有乌鸦、树鹊、杜鹃等。第二，应关注鸟类的嘴和足。鸟类嘴和足的形状与其食性和生活习性是紧密相关的。例如，适于水中捕食的鸬鹚具有长而带钩的嘴和蹼足；营攀爬生活的啄木鸟则长有凿状嘴和易于在树干上攀缘的对趾足；而涉水而生的大型鸟类，如鹭、鹳、鹤等，一般都具有"嘴长、腿长、脚长、趾长"的特征。第三，鸟类适应于不同的生活方式，其翅膀的形状各有不同，如鹭、雕等大型猛禽近似方形、长而宽阔的长阔形翅膀，善于利用上升气流盘旋滑翔；雉类、鸽类、雀类短而宽的椭圆形翅膀便于迅速起飞，在树林中灵活地绕开障碍；隼、燕子窄而尖的狭长形翅膀适于快速飞行，抓捕猎物；而信天翁、军舰鸟、暴风鹱等海鸟具有长而窄的极狭长形翅膀，可以在海洋上空不同速度的气流中持续滑翔。第四，鸟类的尾也是形态各异，有平尾、圆尾、凸尾、凹尾、尖尾、楔尾、叉尾、铗尾等多种形状。因此，尽可能看清楚鸟类翼和尾的形状，有助于我们提升鸟类识别的准确性。第五，仔细观察鸟类的羽色。羽毛颜色是鸟类最吸引人、最容易区别的特征。野外观察时，在鸟类出现的短暂时间内，我们除了需要看清楚其全身大致的羽色和头、背、胸、腹、翼、尾等主要部位的颜色外，最好还能够抓住一至二个醒目的特征性斑块或条纹，如眉纹、颈环、胸斑、翼斑、尾斑等，这对于鸟种的准确判断是非常有帮助的。

2.3　选择合适的时间、地点和方式

在野外工作之前应根据观察目的、观察对象及其活动规律选择适宜的

时间和地点。例如，如果是观察滇池流域的越冬水禽，就应该选择在秋冬季节到滇池边的湿地、池塘、稻田等地方进行观察；观察夏候鸟则需要在春夏之际到相应的环境中开展工作；而在春末秋初候鸟迁徙时节不仅能够见到区域内的留鸟，还可以观察到途经的旅鸟和刚刚抵达的候鸟。另外，为获得较好效果，一般不应该选择下雨、下雪或大风等恶劣天气外出，最好是在晴朗、无风的气候条件下选择鸟类活动、鸣叫最频繁的清晨和傍晚开展观察。

在工作中，我们可以沿着观察对象栖息、活动区域内的路径缓慢行进，仔细观察。对于特定环境中的特定鸟类也可以定点观察，如繁殖季节隐藏在鸟巢附近观察鸟类的繁殖行为，在鸟类觅食、补水的果树或水塘边守株待"鸟"，利用高倍望远镜在湖畔、水边观察水面上的水禽。

需要注意的是，认真做好记录不仅有助于我们提升野外观察鸟类的能力，还是该地鸟类信息和资料的重要来源。记录的内容应包括日期、地点、环境，以及鸟类的种类和数量，特别要详细记录罕见鸟种的鸣叫、繁殖、觅食等行为，甚至是地面上出现的脚印、羽毛、粪便等情况。对于暂时无法识别的鸟类则更需要详细记录各类信息，以便后期查阅资料进行辨认或者向他人进行请教，记录下的线索越多、越详细，越有利于后期的鉴定工作。

2.4　注意事项

（1）敬爱生命，尊重自然

要尊重所观察的野生鸟类，与之保持足够的安全距离，尽最大可能减少对它们正常活动及其栖息地的干扰。不要为了满足自己的好奇心而对小鸟穷追不舍；不引诱、驱赶或惊吓鸟类；不要为了观察或摄影，随意攀折树木，破坏环境；更不能采集鸟蛋、捕捉和饲养野生鸟类，或随意放生外来鸟类。

（2）保持专注，提高警觉性

组成团队时，一般不应超过6人，并尽可能都身着与环境协调的迷彩、灰、蓝、棕褐、草绿色服装。野外观察时，要保持安静，动作迅速，注意环境中任何响动，不要喋喋不休或大声说话，避免造成对鸟类的惊扰。

（3）遵守法律，注意安全

要注意遵纪守法，未获得同意不要随意进入私人领地。特别需要注意安全，提防打雷、车辆，以及狗、蛇、猛兽等各种危险因素，在悬崖、深渊、急流等危险地段开展工作必须时刻注意自身安全。

3　滇池流域鸟类观察线路

　　基于流域内鸟类的分布状况、活动规律，同时兼顾滇池周边极具特色的自然人文景观，综合考虑设计了 2 个观察点和 5 条鸟类观察线路，其中观察点一、二和线路一、二观察林鸟，线路三至五主要观察水鸟。

　　观察点一　金殿公园　　从鸣凤山脚沿小路漫步向上，途经一、二、三天门，至烨煌园结束，线路长约 5 km，需耗时 3 h 左右。景区内风景优美，苍翠树木郁郁葱葱，保持了较好的原生植被，并分布有茶花、杜鹃花等野生灌丛。沿途可见绿翅短脚鹎、大山雀、红头长尾山雀、白腰文鸟、鹊鸲、灰腹绣眼鸟、红嘴蓝鹊、白颊噪鹛、褐胁雀鹛、棕头雀鹛、灰喜鹊、灰林鸮、灰喉山椒鸟、蓝喉太阳鸟、栗臀鹎、红嘴相思鸟等多种林鸟。

　　观察点二　昆明植物园和黑龙潭公园　　从昆明植物园北门进入、东门离开，途经植物园茶花园，进入黑龙潭公园，线路长约 6 km，徒步需耗时 3~4 h。昆明植物园是亚热带植物多样性及种子资源保存研究的多功能综合性植物园，园内共有山茶、木兰等 15 个专类植物区，而紧邻的黑龙潭公园除了保存有众多古树名木，还有大片梅树林、杜鹃灌丛，两者组成了良好的鸟类观察片区。在此片区多有珠颈斑鸠、大杜鹃、粉红山椒鸟、红翅鸥鹛、白喉扇尾鹟、方尾鹟、斑胸钩嘴鹛、红头穗鹛、褐胁雀鹛、蓝翅希鹛、棕头雀鹛、栗臀鹎、红胁蓝尾鸲、黑胸鸫、乌鸫、红喉姬鹟、铜蓝鹟、山蓝仙鹟、普通朱雀、黑头金翅雀、黄喉鹀等鸟类。

　　线路一　西山森林公园线路　　线路长 10 km 左右，基本贯穿了西山森林公园，以西山脚下的高峣村为起点，途经玉兰园、太华寺、聂耳墓，至山顶的猫猫箐村结束，徒步需耗时 5~6 h。沿途植被繁茂，随着海拔由 1880 m 上升到 2300 m，植被也从以栎树为主的亚热带常绿阔叶林，逐渐转变为以云南松、华山松为主的针叶林，至海拔 2150 m 以上的石灰岩地带则多为柏树林和落叶阔叶林。因此，该线路能够看到众多林鸟种类，其中以黄臀鹎、凤头雀嘴鹎、绿翅短脚鹎、大山雀、绿背山雀、红头长尾山雀、星头啄木鸟、大斑啄木鸟、蓝翅希鹛、红嘴相思鸟、棕头雀鹛、褐胁雀鹛、白领凤鹛、白颊噪鹛、红翅鵙鹛、斑胸钩嘴鹛、红头穗鹛、黑胸鸫、鹊鸲、长尾山椒鸟、栗臀鹎、灰腹绣眼鸟等较为常见。

　　线路二　郊野公园环线　　线路长 11 km 左右，从玉案山脚的三碗水湖开始，途经筇竹寺、郊野公园、灵感寺，最后返回三碗水湖，徒步需耗时约 6 h。整个环线上树木茂盛，植被多以山毛榉、云江楼等为主的阔叶杂木林，也有次生灌丛草地、石灰岩灌丛，以及云南松林、刺柏、干香柏、蓝桉林。在此区域多有黄臀鹎、红头长尾山雀、大山雀、绿背山雀、鹊鸲、白鹡鸰、树鹨、灰腹绣眼鸟、棕头雀鹛、褐胁雀鹛、蓝翅希鹛、山斑鸠、珠颈斑鸠、燕雀、红嘴蓝鹊、星头啄木鸟、斑胸钩嘴鹛、红嘴相思鸟、栗臀鹎、黑胸鸫、北红尾鸲、蓝额红尾鸲等鸟类。

　　线路三　滇池西北岸线路　　线路长 10 km 左右，从高峣村开始沿滇池西北岸边途经西园、龙门村后，向南至晖湾结束，徒步耗时 5～6 h。滇池岸边水生植物茂盛，沿途还分布有农田、池塘等，秋冬季节在此线路上可见黑翅鸢、红隼、普通鵟等猛禽和多种水鸟，如池鹭、夜鹭、苍鹭、白鹭、小䴙䴘、凤头䴙䴘、白骨顶、绿头鸭、绿翅鸭、凤头潜鸭、棕头鸥、红嘴鸥、白胸苦恶鸟、矶鹬等。如果时间充裕，还可以继续往南至西华湿地和云南省工人疗养院周边进行观察，这两个区域在秋冬季节亦会有大批水鸟聚集。

　　线路四　滇池南岸线路　　线路长 5 km 左右，从东大河湿地往南沿滇池岸边缓慢行走、观察，至晋宁女子监狱附近湿地结束，徒步耗时 3 h。该区域大部分为国家级湿地公园，园内芦苇丛生，分布有大片柳、中山杉等树林，在此线路上除有白鹭、苍鹭、池鹭、白骨顶、黑水鸡、红头潜鸭、赤膀鸭、红嘴鸥等众多滇池水域中常见的水鸟，还有机会看到棉凫、水雉、彩鹬等罕见鸟类。

　　线路五　滇池东岸线路　　滇池东岸分布有众多湿地，其中，福保湿地在较大程度上保持了相对自然的环境条件，鸻鹬类、秧鸡类较多，如弯嘴滨鹬、铁嘴沙鸻等云南新纪录鸟类多是在此发现的；位于滇池草海海埂大坝附近的永昌湿地，除了可以看到较多的鸥类之外，也可能会见到红头潜鸭、普通秧鸡等水鸟；呈贡湿地位于滇池东南，在斗南与乌龙村之间，湿地面积比较宽阔，曾在此见到过紫水鸡、大麻鳽等多种罕见水鸟。

各 论

鸡形目 GALLIFORMES // 雉科 Phasianidae

1 棕胸竹鸡　Mountain Bamboo Partridge　*Bambusicola fytchii*

【特征】小型鸡类，体长 34 cm。嘴黑褐，脚绿褐。雄鸟眉纹近白，眼后纹黑色；头顶、后颈棕褐色，上体余部灰褐，背具栗色、黑色斑；颊、喉淡棕黄，胸棕红，具棕白色斑点或细纹；腹、两胁棕白，密布显著黑色斑块。雌鸟眼后纹棕红色。

【生境】栖息于山地森林、竹林、林下灌丛或高草丛中。

【习性】晚上集群停歇在树上或竹林中。成群在地面上、草丛中活动。通常很少起飞，就算受到惊吓后也不高飞，而且飞行距离也比较短。以植物嫩芽、种子、果实及农作物等为食，也吃昆虫。

【居留情况】罕见留鸟。

【IUCN 濒危等级】无危（LC）。

2 白腹锦鸡 Lady Amherst's Pheasant *Chrysolophus amherstiae*

【特征】大型鸡类，体长 150 cm（♂）或 60 cm（♀）。嘴、脚蓝灰。雄鸟头顶、背、喉、上胸金属墨绿色，具猩红色冠羽；后颈翎领白色，各羽羽缘黑色，呈扇贝状；尾黑白相间，形极长；腹、两胁白色。雌鸟棕褐，满布棕黄色和黑褐色的横斑和细纹。

【生境】栖息于森林中。

【习性】成群在林下地面上活动，有时也会到林缘的灌草丛和农田中觅食。性机警，黄昏后隐匿在枝叶稠密的地方歇息。以植物嫩芽、茎、叶、花、果实和农作物为食，有时也吃昆虫等。

【居留情况】常见留鸟。

【IUCN 濒危等级】无危（LC）。

雁形目 ANSERIFORMES // 鸭科 Anatidae

3 灰雁 Graylag Goose *Anser anser*

【特征】大型游禽，体长 76 cm。嘴、脚粉红。上体灰褐，具棕白色羽缘；头侧、前颈灰色，胸、腹污白；两胁灰褐，具灰白色羽端；尾上和尾下覆羽均为白色。

【生境】栖息于水草丰茂的湖泊、水库、沼泽湿地及农田中。

【习性】结群在浅滩、湿草地中活动、觅食，有时与赤麻鸭、绿头鸭等混群。行动敏捷，警惕性高，无论是在觅食或休息时，总有一只或几只灰雁作为警卫，伸长脖子观察四周。飞行时两翅扇动缓慢、有力，边飞边鸣。以水草、种子等为食，也吃螺、虾等。

【居留情况】罕见冬候鸟。

【IUCN 濒危等级】无危（LC）。

4 赤麻鸭　Ruddy Shelduck　*Tadorna ferruginea*

【特征】中型游禽，比家鸭略大，体长 63 cm。嘴和腿黑色。全身棕栗，故又称"黄鸭"；头淡棕；飞羽、尾黑色，翼上和翼下覆羽白色，翼镜铜绿色。雄鸟夏季时具黑色颈环。

【生境】栖息于湖泊、沼泽湿地中，以及河流边的浅滩处。

【习性】成大群在河边、湖边的浅滩、湿草地中活动，有时也到水域附近的农田中觅食。以水草、苔藓、麦子等为食，也吃蛙、虾、甲壳类等。

【居留情况】常见冬候鸟。

【IUCN 濒危等级】无危（LC）。

5 鸳鸯 Mandarin Duck *Aix galericulata*

【特征】我国著名观赏鸟类，常被看作是爱情的象征。中小型游禽，体长 40 cm。雄鸟嘴红色，脚橙黄色；羽色绚烂，具艳丽的冠羽和宽阔的白色眉纹；翅膀有一对直立的栗色帆状羽。雌鸟嘴黑色；羽色较为暗淡，头颈灰褐，上体暗褐，无羽冠和帆状羽，但具明显的白色眼圈和眼后纹。

【生境】栖息于山间河谷、溪流、湖泊、池塘中。

【习性】成对或小群到水域附近的农田、树林中活动，有时也与其他鸭类混群。性机警，善游泳。主要以草籽、果实、谷物等为食，也吃蛙、鱼、软体动物、昆虫等动物性食物。

【居留情况】罕见冬候鸟。

【IUCN 濒危等级】无危（LC）。

6 赤膀鸭　Gadwall　*Mareca strepera*

【特征】中型游禽，体长 50 cm。嘴黑、两侧橘黄色。脚橘黄。雄鸟头顶黑褐，体羽灰褐色；翅膀沾棕红，翼镜黑白色，与红褐色中覆羽对比明显；胸具细密的白色鳞状斑；尾上覆羽和尾下覆羽均黑。雌鸟上体黑褐色，具淡棕色羽缘；下体棕白，满布褐色斑。

【生境】栖息于湖泊、水库等水草众多的开阔水域中。

【习性】结小群在水草丛或农田中活动、觅食，有时与其他鸭类混群。性胆怯、机警，飞行迅速，翅膀扇动有力。在水面上觅食时会将头朝下，尾朝上倒栽入水中。以水生植物、青草、草籽、浆果、谷物等为食。

【居留情况】常见冬候鸟。

【IUCN 濒危等级】无危（LC）。

7 罗纹鸭 Falcated Duck *Mareca falcata*

【特征】中型游禽，体长 50 cm。嘴黑色，脚灰。雄鸟额基白色，头顶暗栗，头侧、颈侧及冠羽铜绿色；背、肩灰白，密布纤细的暗褐色波状纹；翼镜墨绿色，三级飞羽长而下垂，镰刀状；喉、前颈、胸、腹白色，颈基具黑色领圈；上胸满布新月状暗褐斑，至腹部渐变为细密横纹；尾侧覆羽乳黄，尾下覆羽黑色。雌鸟上体黑褐，密布"U"形淡棕色斑；下体棕白，满布暗褐色斑。

【生境】栖息于开阔的湖泊、江河中。

【习性】成对或小群在宽阔的水面上游泳，也会与其他鸭类混群。晨昏时到浅水处或水边的农田中觅食。主要以水藻、水生植物和谷物、幼苗等为食，也吃甲壳类、昆虫等。

【居留情况】罕见冬候鸟。

【IUCN 濒危等级】近危（NT）。

8 赤颈鸭　Eurasian Wigeon　*Mareca penelope*

【特征】中型游禽，体长 47 cm。嘴蓝灰，尖端黑色。脚灰黑。雄鸟头顶皮黄，头颈棕红色；背及两胁灰色，密布纤细的暗褐色波状纹；翼、尾黑褐，翼镜翠绿；胸灰棕红色，腹白，尾下覆羽黑色。雌鸟体羽多为褐色，上体暗褐沾棕；胸、两胁棕褐，腹、尾上覆羽白色。

【生境】栖息于湖泊、水库和池塘中。

【习性】成群活动，也会与其他鸭类混群。善于游泳和潜水。飞离水面时多呈直线冲起，快速有力。主要以眼子菜、藻类、草籽、农作物等植物性食物为食。

【居留情况】常见冬候鸟。

【IUCN 濒危等级】无危（LC）。

9 绿头鸭 Mallard *Anas platyrhynchos*

【特征】中型游禽，形似家鸭，体长58 cm。雄鸟嘴黄绿，脚黄色；头颈辉翠绿色，具白色颈环；上体黑褐，翼灰白，紫蓝色翼镜上下缘以宽阔的白边；中央 2 对尾羽黑色并向上曲呈钩状；胸栗色，两胁及腹部灰白。雌鸟嘴黑褐色，嘴端棕黄；体羽暗褐。

【生境】栖息于湖泊、水库和池塘中。

【习性】成群活动。白天在水面上游泳或在水边休息，晨昏时飞到水域附近的浅水草地、农田中觅食。以水草、嫩叶、幼芽、种子等为食，也吃谷粒、软体动物、昆虫等。

【居留情况】常见冬候鸟。

【IUCN 濒危等级】无危（LC）。

10 斑嘴鸭　Eastern Spot-billed Duck　*Anas zonorhyncha*

【特征】中型游禽，体长 60 cm。嘴黑色，嘴端橙黄，繁殖季节嘴尖具一黑点。脚橙黄。体羽大致为暗褐色；头顶、贯眼纹和过颊纹黑褐；头侧、颈侧及颏、喉白色；翼镜蓝紫；胸淡棕白，具褐色点斑。

【生境】栖息于湖泊、水库、池塘、河流浅滩和农田中。

【习性】成对或小群活动，有时与其他野鸭混群。擅长游泳，也善于行走，晨昏时飞到水域附近的农田、沟渠、沼泽地觅食。以水生植物、藻类、草籽、谷物为食，也吃昆虫、螺类等。

【居留情况】常见冬候鸟或留鸟。

【IUCN 濒危等级】无危（LC）。

11 针尾鸭 Northern Pintail *Anas acuta*

【特征】中型游禽，体长 55 cm。嘴、脚灰黑，嘴甲黑色。雄鸟头颈棕黑褐色，后颈黑褐，颈侧具一条白色纵纹与下体相连；背及两胁密布黑褐色与灰白色相间的波状细横纹；肩羽长，具黑色羽干纹；翼镜铜绿色；尾黑，中央尾羽特别延长；下体白色，尾下覆羽黑色，外侧具白色横纹。雌鸟上体黑褐，具淡棕色羽缘；尾较雄鸟短，但仍比其他鸭类尖长。

【生境】栖息于湖泊、池塘和沼泽湿地中。

【习性】成群活动。性胆怯、机警。白天远离岸边或隐匿在高草丛中，黄昏后才到水边浅滩上觅食。主要以浮萍、芦苇、菖蒲等水生植物，以及草籽和谷粒为食。

【居留情况】罕见冬候鸟。

【IUCN 濒危等级】无危（LC）。

12 绿翅鸭 Green-winged Teal *Anas crecca*

【特征】中小型游禽，体长 37 cm。嘴黑，脚灰。雄鸟头颈深栗色，头侧具显著的"逗号"状亮绿色大斑块；上背、肩和两胁密布黑白相间的虫蠹状细波纹；翼镜亮翠绿色；体侧具明显的白色横纹；尾下覆羽黑色，两侧为三角形的乳黄色斑。雌鸟上体暗褐，具淡棕色羽缘。

【生境】栖息于开阔的大型湖泊、水库中。

【习性】成大群活动。飞行迅速、敏捷，翅膀鼓动有力。晨昏时常在浅水草地、农田中觅食。主要以水生植物种子、嫩叶为食，也吃谷粒、甲壳类、水生昆虫等。

【居留情况】常见冬候鸟。

【IUCN 濒危等级】无危（LC）。

13 琵嘴鸭 Northern Shoveler *Spatula clypeata*

【特征】中型游禽，体长 50 cm。嘴端膨大为铲状，脚橙红。雄鸟眼金黄；嘴黑色；头颈墨绿色具光泽；背黑褐色，背部两侧及肩、胸白色；翼上覆羽灰蓝色，翼镜翠绿具白色上缘；腹、两胁棕栗。雌鸟眼褐色；嘴黄褐；上体暗褐，具棕白色羽缘。

【生境】栖息于开阔的湖泊、水库、池塘和水田中。

【习性】单独、成对或小群活动。性谨慎，多在浅滩、淤泥中用铲形嘴掘食甲壳类、昆虫、植物等，有时也会尾朝上倒栽入水中，在水底觅食。

【居留情况】常见冬候鸟。

【IUCN 濒危等级】无危（LC）。

14 白眉鸭 Garganey *Spatula querquedula*

【特征】中小型游禽，体长 40 cm。嘴黑色，脚灰黑。雄鸟头颈巧克力色，具宽阔的白色长眉纹；上体暗褐，具淡棕色羽缘；肩、翼蓝灰，翼镜绿色，并具白色上下缘；胸棕黄，密布黑褐色鳞状纹；腹以下白色，两胁具细密的黑褐色波状纹。雌鸟嘴基有一白斑；过眼纹黑色；上体黑褐色，羽缘淡棕。

【生境】栖息于开阔的湖泊、江河和池塘中。

【习性】成对或小群活动。性胆怯而机警，白天多在开阔的水面上或隐匿在水草丛中休息，夜间觅食。食物主要为水生植物，也吃青草、谷粒、甲壳类、昆虫等。

【居留情况】罕见冬候鸟。

【IUCN 濒危等级】无危（LC）。

15 花脸鸭 Baikal Teal *Sibirionetta formosa*

【特征】中型游禽，体长 42 cm。嘴黑色，脚灰黑。雄鸟羽色鲜艳；头顶至后颈棕黑褐色；脸部为黄、绿、黑、白等色组成的特征性图案；上背、两胁蓝灰；肩羽长而下垂，各羽均具棕、黑、白三色；翼镜铜绿色；胸淡棕红，具黑色点状斑；腹白色，尾下覆羽黑褐。雌鸟嘴基具明显的白色圆斑；上体暗褐，具淡棕色羽缘；胸淡棕，亦具黑色点状斑；尾下覆羽白色。

【生境】栖息于湖泊、水库、池塘和农田中。

【习性】成群活动，有时与其他野鸭混群。多在开阔的水面上漂浮、游泳，黄昏后常到水边湿草地、农田中觅食。主要以轮叶藻、柳叶藻、菱角等水生植物为食，也吃谷粒、螺类、昆虫等。

【居留情况】罕见冬候鸟。

【IUCN 濒危等级】无危（LC）。

16　赤嘴潜鸭　Red-crested Pochard　*Netta rufina*

【特征】中型游禽，体长 50 cm。嘴
形狭窄。雄鸟眼红色；嘴赤红；脚
土红色；头浓栗色，冠羽淡棕黄；
上体棕褐，肩具白斑，翼镜纯白；
下体黑褐，两胁白色。雌鸟眼黄
色；嘴黑褐，外缘橘黄；脚黄褐
色；上体棕褐；头侧、颈侧、颏、
喉灰白；下体灰褐。

【生境】栖息于开阔且平缓的湖泊、
河流、水库中。

【习性】成群在水面上休息、嬉戏。
晨昏时潜水觅食，也会头朝下倒栽
在水中取食。主要以水藻、眼子菜
等水生植物为食，偶尔也会上岸取
食青草、草籽等。

【居留情况】常见冬候鸟。

【IUCN 濒危等级】无危（LC）。

17 红头潜鸭 Common Pochard *Aythya ferina*

【特征】中型游禽，体长 46 cm。眼红棕。嘴灰蓝色，嘴基和端部黑色。脚铅色。雄鸟头颈栗红；上背、胸黑色；下背、两胁灰白色，具黑色波状细纹；尾褐色，尾覆羽黑褐。雌鸟羽色暗淡，头、颈、上背及胸棕褐，体羽余部灰褐。

【生境】栖息于开阔的湖泊、水库中。

【习性】结群在宽阔的水面上活动，有时与凤头潜鸭、琵嘴鸭等混群。善于潜水，多在晨昏时觅食，食物包括水藻、水生植物、软体动物、昆虫、小鱼和虾等。

【居留情况】罕见冬候鸟。

【IUCN 濒危等级】易危（VU）。

18 白眼潜鸭　Ferruginous Duck　*Aythya nyroca*

【特征】中小型游禽，体长41 cm。嘴、脚黑灰色。雄鸟眼白色；头、颈、胸浓栗；背黑褐色，具白色翼镜；两胁栗褐，腹及尾下覆羽白色。雌鸟眼灰褐；羽色暗淡，头、颈棕褐。

软体动物、昆虫等。

【居留情况】常见冬候鸟。

【IUCN 濒危等级】近危（NT）。

【生境】栖息于开阔的湖泊、水库中。

【习性】成群在水面上活动，也常到水草丛生的湖边浅水处藏匿、觅食。多在晨昏时觅食，主要以水生植物为食，也吃鱼、蛙、

19 凤头潜鸭 Tufted Duck *Aythya fuligula*

【特征】中小型游禽，体长 42 cm。眼金黄，嘴蓝灰，嘴甲黑色。雄鸟头具羽冠；体羽大多黑色；腹、两胁白色。雌鸟羽冠短；上体黑褐；腹和两胁褐色。

【生境】栖息于开阔的湖泊、水库中。

【习性】成大群在宽阔的水面上活动。善于潜水觅食，主要以鱼、虾、甲壳类等为食，偶尔也吃水藻、水草。

【居留情况】常见冬候鸟。

【IUCN 濒危等级】无危（LC）。

䴙䴘目 PODICIPEDIFORMES // 䴙䴘科 Podicipedidae

20 小䴙䴘　Little Grebe　*Tachybaptus ruficollis*

【特征】小型游禽，体长 27 cm。嘴黑，呈锥形，嘴斑及眼黄色。翅膀短小，腿亦短且着生于身体后部，脚具瓣状蹼，尾羽退化，身体近似椭圆形。繁殖期，成鸟上体黑褐，下体色浅，颊、颈侧及喉红棕。非繁殖期，成鸟上体灰褐，下体偏白，颊、颈侧及喉淡黄褐色。幼鸟上体具粗著的黑色纵纹。

【生境】栖息于湖泊、水库、池塘等平缓水域。

【习性】成小群活动。不善飞行，但善于游泳、潜水。受到惊吓时，常紧贴着水面飞行逃逸，或潜入水中游出很远后才将头部露出水面，所以，被称为"王八鸭子"、"水皮溜"。在芦苇、香蒲等水草丛中营巢，有背负着雏鸟四处活动的习性。主要以鱼、虾、昆虫等为食。

【居留情况】常见留鸟。

【IUCN 濒危等级】无危（LC）。

21 凤头䴙䴘 Great Crested Grebe *Podiceps cristatus*

【特征】中型游禽，体长 50 cm。眼橙红色。嘴锥形，粉红（非繁殖期）或黑褐色（繁殖期）。脚近黑。头顶黑色，两侧具束状羽冠；上体黑褐色；脸颊、前颈白色，颈侧具长形饰羽形成的棕、黑色环状皱领；下体余部白色。非繁殖期，羽冠不明显，皱领消失。

【生境】栖息于开阔的湖泊、水库中。

【习性】成对或小群活动。喜欢在水面上游泳，颈部挺直。善于潜水，拙于行走。主要以鱼类为食，也吃昆虫、虾、甲壳类等。

【居留情况】常见冬候鸟。

【IUCN 濒危等级】无危（LC）。

22 黑颈䴙䴘　Black-necked Grebe　*Podiceps nigricollis*

【特征】体长 30 cm，比小䴙䴘略大。眼红色。嘴黑而略向上翘。脚灰黑。头亮黑色；上体黑褐；颏、喉及头侧白色，前颈黑褐；下体白色。

【生境】栖息于水草茂盛的湖泊、水库中。

【习性】与其他䴙䴘习性相似，多成对或成小群在开阔的水面上游泳、潜水。主要以鱼、昆虫等为食。

【居留情况】罕见冬候鸟。

【IUCN 濒危等级】无危（LC）。

鸽形目 COLUMBIFORMES // 鸠鸽科 Columbidae

23 山斑鸠 Oriental Turtle Dove *Streptopelia orientalis*

【特征】中型斑鸠，体长 32 cm。眼橙色。嘴铅蓝。脚洋红。头顶蓝灰；枕、后颈葡萄红褐色，颈侧具蓝黑条纹相间的块状斑；上体余部黑褐，肩具锈红色扇贝状斑；尾黑，端部灰白；下体葡萄红褐色。

【生境】栖息于森林，以及果园、耕地和居民区附近的树林中。

【习性】成对或小群在林下地面上或农田中活动，边走边食。以嫩芽、叶、种子、草籽和农作物为食。

【居留情况】常见留鸟。

【IUCN 濒危等级】无危（LC）。

24 火斑鸠　Red Turtle Dove　*Streptopelia tranquebarica*

【特征】小型斑鸠，体长 23 cm。眼褐色。嘴黑。脚褐。具黑色半领环。雄鸟头、下背至尾蓝灰，上背、肩及胸腹葡萄红色。雌鸟羽色暗淡，大致呈土褐色。

【生境】栖息于林缘、旷野，以及果园、耕地和村庄附近的树林、竹林中。

【习性】成对或成群在地面上活动、觅食。多停歇在电线、高大树木上。飞行时会发出"呼呼"的振翅声。以植物种子、果实为食，也吃农作物种子、昆虫等。

【居留情况】常见留鸟。

【IUCN 濒危等级】无危（LC）。

25 珠颈斑鸠 Spotted Dove *Streptopelia chinensis*

【特征】中型斑鸠，体长 30 cm。眼黄褐。嘴黑褐。脚红色。头蓝灰，颈侧具密布白点的黑色块斑；上体余部褐色；尾黑，外侧尾羽具宽阔白色端斑；下体葡萄粉红色。

【生境】栖息于旷野，以及农田、城镇和村庄附近的树林、竹林中。

【习性】成对或小群在地面上活动。性不畏人。多停歇在枝头、电线上，有时也停在屋顶上。以植物种子、果实、昆虫和农作物种子等为食。

【居留情况】常见留鸟。

【IUCN 濒危等级】无危（LC）。

夜鹰目 CAPRIMULGIFORMES // 夜鹰科 Caprimulgidae

26 普通夜鹰 Grey Nightjar *Caprimulgus indicus*

【特征】体长 28 cm。眼暗褐。嘴黑。脚角褐色。上体黑褐，密布灰白色虫蠹状斑；外侧尾羽具明显的白色（♂）或皮黄色（♀）次端斑；喉具明显的白色斑；胸黑褐色，布以淡棕色横纹；下体余部淡棕黄，具黑褐色横斑。

【生境】栖息于森林、林缘，以及农田附近的树林、竹林中。

【习性】夜行性鸟类，单独或成对活动。白天趴伏在草丛中或阴暗的树干上，黄昏后在空中快速飞行，捕食天牛、夜蛾、蚊、蚋等各类昆虫。

【居留情况】常见留鸟。

【IUCN 濒危等级】无危（LC）。

// 雨燕科 Apodidae

27 小白腰雨燕 House Swift *Apus nipalensis*

【**特征**】体长 15 cm。眼褐色。嘴、脚黑色。上体黑褐；额、头顶、后颈色浅；尾略微内凹，平尾状；腰、喉白色；下体余部暗灰褐色。

【**生境**】栖息于城镇、村庄、山地、水域等各类生境中。

【**习性**】集群活动，有时也和家燕等混群。飞行迅速，鸣声响亮。常在空中猎捕蝇、蚊等膜翅目昆虫为食。

【**居留情况**】常见夏候鸟。

【**IUCN 濒危等级**】无危（LC）。

鹃形目 CUCULIFORMES // 杜鹃科 Cuculidae

28 小鸦鹃　Lesser Coucal　*Centropus bengalensis*

【特征】体长 42 cm。眼红色或黄褐（幼）。嘴黑色或角黄（幼）。脚黑色。体羽黑色；肩、翼栗色沾黑，略具浅棕色纵纹。幼鸟上体棕褐，头、上背具浅棕白色羽干纹，上体余部满布黑褐色横斑；下体浅棕白，具白色羽干纹。

【生境】栖息于山地次生林、竹林、灌草丛或果园中。

【习性】单独或成对活动。性胆怯、机警，受到惊吓后即钻入茂密的灌草丛中。以昆虫和蛙类等其他小动物为食，也吃植物果实、种子。

【居留情况】常见留鸟。

【IUCN 濒危等级】无危（LC）。

29 噪鹃 Common Koel *Eudynamys scolopaceus*

【特征】体型较大的杜鹃，体长42 cm。眼深红。嘴偏绿。脚蓝灰。雄鸟体羽黑色，闪蓝色光泽。雌鸟上体黑褐，满布白色点斑；下体近白，具黑色斑纹。

【生境】栖息于森林、林缘疏林，以及村庄、农田附近的大树上。

【习性】单独活动。善于隐匿，常躲藏在高大树木顶层茂密枝叶中。鸣声洪亮、嘈杂。主要以植物果实、种子为食，也吃昆虫。

【居留情况】常见夏候鸟。

【IUCN 濒危等级】无危（LC）。

30 八声杜鹃 Plaintive Cuckoo *Cacomantis merulinus*

【特征】体长 21 cm。眼红褐。嘴褐色。脚黄色。雄鸟头、颈、上胸灰色；上体余部灰褐；尾具白色细横斑；下体余部淡棕栗色。雌鸟上体密布棕栗色和褐色横斑；下体近白；喉、胸沾栗，满布暗色细横斑。

【生境】栖息于林缘稀树灌丛，以及果园、农田、村庄和路旁的树林中。

【习性】单独或成对活动。性活跃，鸣叫频繁。鸣声为八声一度，故而得名。以昆虫为食，尤其是毛虫等鳞翅目幼虫。

【居留情况】常见夏候鸟。

【IUCN 濒危等级】无危（LC）。

31 大杜鹃　Common Cuckoo　*Cuculus canorus*

【特征】体长 32 cm。眼黄色。嘴黑褐，基部黄色。脚亦黄。眼圈金黄。上体灰色，翼角边缘白色；尾黑，具狭窄白端但无黑色次端斑，中央尾羽两侧有白色点斑；喉、胸淡灰；下体余部白色，密布黑色细横斑。棕色型雌鸟上体棕红，下体白色，全身密布黑褐色细横斑。

【生境】栖息于森林，以及农田、村庄附近的树林中。

【习性】单独或成对活动。相比其他杜鹃，不善隐蔽，常可在高大树木、电线上见到，亦有"巢寄生"的习性。鸣声洪亮，两声一度。以鳞翅目幼虫为食，也吃其他昆虫。

【居留情况】常见夏候鸟。

【IUCN 濒危等级】无危（LC）。

鹤形目 GRUIFORMES // 秧鸡科 Rallidae

32 白胸苦恶鸟　White-breasted Waterhen　*Amaurornis phoenicurus*

【特征】中型涉禽，体长 33 cm。眼红色。嘴绿，上嘴基部红色。脚黄色。头顶及上体石板灰；额、脸及喉、胸、上腹白色，下腹、尾下覆羽红棕色。

【生境】栖息于湖泊、沼泽、池塘、稻田附近的灌草丛中。

【习性】单独或成对在晨昏和夜间活动。性胆怯、机警，受惊吓后即窜入草丛中藏匿。善于行走，飞行能力差。鸣声清脆、响亮，似"苦恶、苦恶"，故而得名。以软体动物、昆虫、小鱼为食，也吃水生植物的根、茎、种

子和农作物等。

【居留情况】常见留鸟。

【IUCN 濒危等级】无危（LC）。

33 紫水鸡 Purple Swamphen *Porphyrio porphyrio*

【特征】中型涉禽，体长 42 cm。眼红色。嘴粗壮，鲜红色。脚暗红。体羽多为紫蓝色；头紫褐沾紫，具宽大的橙红色额甲；腹部暗褐沾紫；尾下覆羽白色。

【生境】栖息于开阔湖泊、池塘附近的沼泽地、芦苇丛中。

【习性】成对或小群活动。性胆怯，白天隐藏在草丛中。善于游泳、行走，很少飞行。在岸边浅水区、漂浮植物上行走觅食。以水生植物的根、茎、叶、种子为食，有时也吃昆虫、小鱼等。

【居留情况】罕见留鸟。

【IUCN 濒危等级】无危（LC）。

34 黑水鸡　Common Moorhen　*Gallinula chloropus*

【特征】中型涉禽，体长 31 cm。眼红色。额甲、嘴基亮红，嘴端黄色。脚黄绿。通体灰黑；下背、尾及两翼暗棕褐色；两胁具明显的白色条纹，下腹部有大白斑，尾下覆羽两侧白色，中央黑色。幼鸟上体棕褐；下体多有灰白色。

【生境】栖息于水草众多的沼泽、池塘、湖泊、稻田中。

【习性】单独或成对活动。善于游泳、潜水，不善飞行。常在水面上游动，也会在水边的浅水区或水草丛中涉水觅食。主要以水生植物、昆虫等为食。

【居留情况】常见留鸟。

【IUCN 濒危等级】无危（LC）。

35 白骨顶 Common Coot *Fulica atra*

【**特征**】中型涉禽，体长 40 cm。眼红褐。嘴白色。脚灰绿。额甲白色，通体石板黑色。

【**生境**】栖息于水生植物茂盛的开阔湖泊、水库、沼泽中。

【**习性**】结大群在水面上游泳。常潜入水中觅食，以水生植物的根、茎、叶、嫩芽为食，也吃昆虫、软体动物等。

【**居留情况**】常见冬候鸟。

【**IUCN 濒危等级**】无危（LC）。

// 鹤科 Gruidae

36 灰鹤 Common Crane *Grus grus*

【特征】大型涉禽，体长 125 cm。眼黄色。嘴灰绿。脚灰黑。身体大致为灰色；头、颈黑色，头顶裸皮红色，眼后至颈侧具宽阔的灰白色条纹；尾端黑色。

【生境】栖息于开阔湖泊的岸边、沼泽及农田中。

【习性】结群活动。性胆怯、机警，活动时常设有"警卫"，观察四周的动静。飞行时头、颈伸直，脚亦伸直。以植物的芽、叶、茎、果实、种子及农作物等为食，也吃螺、鱼、虾等。

【居留情况】常见冬候鸟。

【IUCN 濒危等级】无危（LC）。

37 黑颈鹤 Black-necked Crane *Grus nigricollis*

【特征】大型涉禽，体长 150 cm。眼黄色。嘴红色，端部沾黄。脚灰褐。体羽多为灰白色；眼先、头顶裸皮红色，眼后具白斑；头、颈和飞羽、尾羽黑色。

【生境】栖息于高原湖泊的岸边、沼泽及农田中。

【习性】越冬时常由数个家族群聚集成大群活动。以植物根茎、水草，以及玉米、土豆等农作物为食，也吃昆虫、甲壳类。

【居留情况】常见冬候鸟。

【IUCN 濒危等级】易危（VU）。

鸻形目 CHARADRIIFORMES // 反嘴鹬科 Recurvirostridae

38 黑翅长脚鹬　Black-winged Stilt　*Himantopus himantopus*

【特征】中型涉禽，体长 37 cm。眼红色。嘴长而直，黑色。脚长，粉红色。雄鸟头顶、后颈黑色或白色杂有黑色；肩、背及两翼黑色；体羽余部白色。雌鸟头、颈白；肩、背及两翼黑褐。

【生境】栖息于开阔湖泊和池塘边的沼泽、滩涂、湿草地中。

【习性】成群在水边的泥滩、湿草地上行走、觅食。性胆怯、机警，遇到危险时会不断点头进行警告，然后再飞走。主要以甲壳类、昆虫、鱼、虾等为食。

【居留情况】常见旅鸟或冬候鸟。

【IUCN 濒危等级】无危（LC）。

// 鸻科 Charadriidae

39 灰头麦鸡 Grey-headed Lapwing *Vanellus cinereus*

【特征】中型涉禽，体长 35 cm。眼红色。嘴黄色，端黑。脚黄色。头、颈、胸灰色；背茶褐；翼白色，尖端黑色；尾亦白，具宽阔黑色次端斑；胸带黑褐，下体余部白色。

【生境】栖息于湖泊、水库、池塘边的沼泽、滩涂、草地或农田中。

【习性】成群活动。飞行迟缓，翅膀扇动较慢。主要以昆虫为食，也吃水蛭、螺、蚯蚓，以及草籽、嫩叶等。

【居留情况】常见冬候鸟。

【IUCN 濒危等级】无危（LC）。

40 金眶鸻　Little Ringed Plover　*Charadrius dubius*

【特征】小型涉禽，体长 16 cm。眼褐色，眼眶金黄。嘴黑。脚橙黄。头顶黑斑与贯眼纹相连，构成横卧的"Y"形图案；具黑色领环；上体沙褐；下体白色。

【生境】栖息于湖泊、水库、池塘边的沼泽、泥滩、草地、水田中。

【习性】单独或小群在地面上急走、觅食。以昆虫、蜘蛛、甲壳类、软体动物等为食。

【居留情况】常见留鸟。

【IUCN 濒危等级】无危（LC）。

// 鹬科 Scolopacidae

41 中杓鹬 Whimbrel *Numenius phaeopus*

【特征】中型涉禽，体长 43 cm。眼黑褐。嘴长而下弯，黑褐色。脚青灰。头顶暗褐，具白色的中央冠纹和眉纹，贯眼纹黑褐；上体暗褐，密布淡褐色斑纹；下背、腰白色，尾具黑色横斑；下体淡褐，颈、胸满布黑褐色细纵纹，两胁、尾下覆羽具黑褐色横斑。

【生境】栖息于湖泊、水库边的湿草地中。

【习性】成对或小群活动。飞行快速，翅膀扇动有力。觅食时会将长嘴插入泥地中探寻，主要吃昆虫、甲壳类、软体动物等。

【居留情况】罕见旅鸟。

【IUCN 濒危等级】无危（LC）。

42 青脚鹬 Common Greenshank *Tringa nebularia*

【特征】中型涉禽，体长 32 cm。眼褐色。嘴灰色，形长而略向上翘，端部黑色。脚长，黄绿色，飞行时伸出尾端甚多。上体灰褐，满布黑褐色、白色斑纹；腰、尾上覆羽白色；下体白色。

【生境】栖息于湖畔、池塘边的沼泽、滩涂、草地中。

【习性】单独或成对在浅水区活动，有时也进入到齐腹的深水中觅食。步伐轻盈，常通过快速地奔走、驱赶、捕食鱼类。主要以鱼、虾、甲壳类、水生昆虫等为食。

【居留情况】常见冬候鸟。

【IUCN 濒危等级】无危（LC）。

43 白腰草鹬　Green Sandpiper　*Tringa ochropus*

【特征】中小型涉禽，体长 23 cm。眼褐色。嘴黑，基部暗绿。脚灰绿。眼先黑褐，具与白色眼圈相连接的白色短眉纹。上体黑褐，满布白色点斑；腰、尾白色，尾具黑色横斑；下体白；头侧、颈侧及喉、胸密布黑褐色细纵纹。冬羽上体灰褐，下体纵纹淡褐。

【生境】栖息于湖泊、池塘边的沼泽、滩涂、水田中。

【习性】单独或成对在水边活动。行走时尾部常上下摆动。飞行迅捷，翅膀扇动快速、有力。以昆虫、蜘蛛、甲壳类、鱼、虾等为食。

【居留情况】常见旅鸟或冬候鸟。

【IUCN 濒危等级】无危（LC）。

44 林鹬 Wood Sandpiper *Tringa glareola*

【特征】中小型涉禽，体长 20 cm。眼褐色。嘴黑。脚绿色，飞行时脚伸出尾端甚远。贯眼纹黑褐，具白色长眉纹；上体暗褐，满布白色点斑；腰、尾白色，尾具黑褐色横斑；下体白色，胸具模糊的淡褐色纵纹。

【生境】栖息于湖畔湿地、沼泽、水田中。

【习性】单独或小群在浅水滩、草丛中缓步行走觅食。性胆怯、机警。取食时会用嘴在泥水中探寻。以昆虫、蜘蛛、甲壳类、软体动物、小虾等为食，偶尔也吃植物种子。

【居留情况】常见冬候鸟。

【IUCN 濒危等级】无危（LC）。

45 矶鹬 Common Sandpiper *Actitis hypoleucos*

【特征】中小型涉禽，体长 20 cm。眼褐色，眼圈白色。嘴黑褐。脚灰绿。眉纹白色，贯眼纹黑褐；上体橄榄褐，具淡棕白色和黑色的细横纹；颈侧和胸侧灰褐，具暗褐色细纹；下体白色。停歇时翼角前方白色，飞行时尾部两侧和翅膀上的宽阔翼带亦为白色。

【生境】栖息于湖畔、河边，以及水库、池塘附近的泥滩、草地中。

【习性】单独或小群活动。行走缓慢，常在水边岩石、枯枝或江心小岛上停歇，尾部不停地上下晃动。主要以昆虫、蠕虫、甲壳类、小鱼等为食。

【居留情况】常见冬候鸟或旅鸟。

【IUCN 濒危等级】无危（LC）。

46 翻石鹬　Ruddy Turnstone　*Arenaria interpres*

【特征】中小型涉禽，体长 23 cm。眼褐色。嘴短而尖，基部较粗，呈黑色。脚亦短，橙红色。雄鸟夏羽头、颈、胸白色，具黑色的醒目图案；背、肩棕红，布以黑、白色斑点。冬羽头、颈部的黑白色多转为棕褐，背、胸黑色则转为黑褐色。雌鸟似雄鸟，但羽色较暗。

【生境】栖息于湖畔、池塘、沼泽的草丛中。

【习性】单独或小群在水边的湿草地中活动，用嘴翻捡草丛或小石头下的食物。主要吃昆虫、蜘蛛、甲壳类、软体动物等，也吃草籽、浆果。

【居留情况】罕见旅鸟。

【IUCN 濒危等级】无危（LC）。

47 流苏鹬 Ruff *Calidris pugnax*

【特征】中小型涉禽，体长 28 cm（♂）或 23 cm（♀）。眼褐色。嘴黑褐。脚灰色。雄鸟繁殖期面部裸露，具疣状物；头具耳状簇羽，颈、胸有流苏状饰羽，故而得名。非繁殖期上体暗褐色，具浅色羽缘；下体白，喉、颈、胸沾皮黄色。雌鸟似非繁殖期雄鸟，但前颈、胸部多具黑褐色斑纹。

【生境】栖息于湖畔湿地、沼泽的草丛中。

【习性】成群活动，有时也和其他鹬类混群。常在水草茂盛的浅水区觅食。以昆虫、蠕虫、甲壳类、软体动物等为食，也吃草籽、浆果和稻谷。

【居留情况】罕见旅鸟。

【IUCN 濒危等级】无危（LC）。

// 鸥科 Laridae

48 棕头鸥　Brown-headed Gull　*Chroicocephalus brunnicephalus*

【特征】中型游禽，体长 42 cm。眼黄褐或暗褐。嘴、脚深红。羽色与红嘴鸥极为相似，但体型略大，嘴形稍厚，飞行时黑色翼尖上具白色点斑。

【生境】栖息于湖泊、河流、水库、池塘中。

【习性】成群活动，常与红嘴鸥等混群。性不畏人。以鱼、虾、水生昆虫、软体动物等为食，也经常吃人们投喂的饲料、面包等。

【居留情况】常见冬候鸟。

【IUCN 濒危等级】无危（LC）。

49 红嘴鸥 Black-headed Gull *Chroicocephalus ridibundus*

【特征】中型游禽，体长 40 cm。眼褐色。嘴、脚红色。体羽白；头顶沾灰，耳羽黑褐；背银灰色；翼端黑色，几无白色点斑。夏羽头部呈巧克力褐色，眼后具半圆形白斑。

【生境】栖息于湖泊、河流、水库、池塘中。

【习性】成大群活动，经常与棕头鸥等混群。性不畏人，经常吃人们投喂的饲料、面包等。以鱼、虾、甲壳类、软体动物等为食，也吃鼠类、蜥蜴及动物尸体等。

【居留情况】常见冬候鸟。

【IUCN 濒危等级】无危（LC）。

鹳形目 CICONIIFORMES // 鹳科 Ciconiidae

50 钳嘴鹳　Asian Open-bill Stork　*Anastomus oscitans*

【**特征**】大型涉禽，体长 81 cm。嘴灰褐或红色，闭合时有明显缝隙。脚粉红。体羽白或灰色；两翼及尾黑色。

【**生境**】栖息于湖泊、池塘和农田附近的大树上。

【**习性**】成群在浅水区或水田中漫步、觅食。以鱼、虾、甲壳动物等为食，嗜吃福寿螺。

【**居留情况**】常见夏候鸟。

【**IUCN 濒危等级**】无危（LC）。

51 黑鹳　Black Stork　*Ciconia nigra*

【特征】大型涉禽，体长 100 cm。眼周裸皮、嘴、脚均为红色。除下胸、腹、尾下覆羽白色，身体余部黑色，并闪耀翠绿、紫红色金属光泽。

【生境】栖息于大型湖泊、水库的浅水区。

【习性】单独或小群活动。性胆怯、机警。飞行时头、脚伸直，翅膀鼓动缓慢。以鱼、昆虫和蛙类、蜥蜴、鼠类等小型动物为食。

【居留情况】稀有冬候鸟。

【IUCN 濒危等级】无危（LC）。

鲣鸟目 SULIFORMES // 鸬鹚科 Phalacrocoracidae

52 普通鸬鹚 Great Cormorant *Phalacrocorax carbo*

【特征】大型游禽，体长 90 cm。眼绿色。嘴直长，上嘴黑，先端下弯为锐钩，嘴缘和下嘴灰白。脚黑色，具全蹼，着生于身体后部。喉侧裸皮及喉囊黄色。通体黑色；脸颊、上喉白；上背、肩羽及两翼亮铜褐色，各羽羽缘黑色，呈鳞片状。繁殖期，头、上颈杂有白色丝状细羽，腰侧具明显的三角形白斑。幼鸟羽色较淡，喉、胸、腹棕白。

【生境】栖息于湖泊、江河中。

【习性】成群活动。常潜入水中，捕食鱼类。飞行时两翅缓慢扇动，颈、脚伸直。停歇时多在水边的树枝、岩石上蹲立。

【居留情况】常见冬候鸟。

【IUCN 濒危等级】无危（LC）。

鹈形目 PELECANIFORMES // 鹮科 Threskiornithidae

53 彩鹮 Glossy Ibis *Plegadis falcinellus*

【特征】中型涉禽，体长 60 cm。眼褐色。嘴长而下弯，铅褐色。脚偏绿。繁殖期，眼先裸皮淡蓝，上下缘及前额亦为淡蓝色，且连接呈线状；体羽大多青铜栗色；上体具绿色和紫色光泽；颈、上背、肩及下体红褐色。非繁殖期，眼先裸皮紫黑；头、颈黑褐，密布白色斑纹。

【生境】栖息于湖泊、池塘边的灌草丛和水田中。

【习性】单独或成群活动。飞行时头、颈伸直，脚露出尾后。白天活动，常将长嘴插入浅水或泥滩中搜寻食物。主要以昆虫、虾、甲壳类、软体动物等为食。

【居留情况】罕见旅鸟。

【IUCN 濒危等级】无危（LC）。

// 鹭科 Ardeidae

54 黄斑苇鳽 Yellow Bittern *Ixobrychus sinensis*

【特征】中型涉禽，体长 32 cm。眼金黄，眼先裸皮黄绿色。脚偏绿。雄鸟头顶、冠羽黑色；上体黄褐；两翼及尾黑色；下体淡黄。雌鸟背部杂以浅色纵纹，胸具棕褐色纵纹。

【生境】栖息于湖泊、池塘边的灌草丛和水田中。

【习性】单独或成对活动。性机警、胆怯，晨昏时多在草丛中或浅水处慢行觅食。主要以小鱼、虾、蚯蚓、水生昆虫等为食。

【居留情况】常见夏候鸟。

【IUCN 濒危等级】无危（LC）。

55 栗苇鳽 Cinnamon Bittern *Ixobrychus cinnamomeus*

【特征】中型涉禽，体长 41 cm。眼黄色，脚黄绿。雄鸟上体栗红，两翼及尾亦为栗红色；下体淡黄褐色，具棕褐色纵纹。雌鸟下体满布栗褐色纵纹。幼鸟上体满布黑褐色点斑。

【生境】栖息于湖泊、池塘边的灌草丛及水田中。

【习性】单独活动。性胆怯、机警，晨昏时分和夜间活动频繁。常在蒲草、芦苇丛中行走、觅食。主要吃鱼、蛙、昆虫等。

【居留情况】常见夏候鸟或旅鸟。

【IUCN 濒危等级】无危（LC）。

56 夜鹭　**Black-crowned Night Heron** *Nycticorax nycticorax*

【**特征**】中型涉禽，体长 52 cm。颈短，体形粗胖。眼红色。嘴黑。脚偏黄。成鸟头顶、背至肩羽墨绿色，具金属光泽；枕部着生有 2 条白色带状饰羽；上体余部及胸、胁灰色；下体白。幼鸟上体暗褐，具棕白色纵纹和点斑。

【**生境**】栖息于湖泊、河流、池塘、沼泽、水田附近的树林和竹林中。

【**习性**】单独或成小群活动。白天在树林、竹林的僻静处休息，黄昏后集成小群到沼泽、浅滩、水田中觅食，以鱼、虾、蛙、昆虫等为食。

【**居留情况**】常见夏候鸟。

【**IUCN 濒危等级**】无危（LC）。

57 池鹭 Chinese Pond Heron *Ardeola bacchus*

【特征】中型涉禽，体长 47 cm。眼黄色，眼先裸皮偏绿。嘴黄，基部偏蓝，尖端黑色。脚黄绿色。繁殖期成鸟头、胸栗红；背上蓑羽黑色；身体余部白色。幼鸟及非繁殖期的成鸟头、胸满布黑褐色和黄白色纵纹；背部赭褐色。飞行时白色的翅膀与深色的头背部对比明显。

【生境】栖息于湖泊、池塘附近的树丛、灌草丛和水田中。

【习性】单独或成群活动，有时也与夜鹭、白鹭等混群。常在水边草丛中捕食鱼、虾、蛙、泥鳅、昆虫等。

【居留情况】常见留鸟。

【IUCN 濒危等级】无危（LC）。

58 牛背鹭　Cattle Egret　*Bubulcus ibis*

【特征】中型涉禽，体长 50 cm。眼黄色。嘴黄色。脚、趾黑色。体羽大致为白色。繁殖期头、颈、胸和背上蓑羽橙黄。非繁殖期与白鹭相似，但颈短，体形略显粗壮，头颈处稍染黄色。

【生境】栖息于沼泽、湿地和水田中。

【习性】成群活动。常尾随在牛、马等大型家畜之后，以捕食被惊飞起来的昆虫，也见在牛背上啄吃蜱、螨等寄生虫。

【居留情况】常见留鸟。

【IUCN 濒危等级】无危（LC）。

59 苍鹭　Grey Heron　*Ardea cinerea*

【特征】大型涉禽，体长92 cm。体形纤细。眼黄色，眼先裸皮黄绿。嘴黄色。脚黄褐或深棕色。羽色苍灰；头顶黑色，具2条辫状冠羽；前颈具2~3条黑色纵纹；下体白。

【生境】栖息于湖泊、水库、池塘中。

【习性】单独活动。停歇时颈部收缩，一脚缩在腹下。飞行时，翅膀扇动缓慢，两腿伸直，颈部缩成"S"形。常在水边浅滩、草丛中伫立，伺机捕食鱼、虾、昆虫等，故被称为"老等"、"青桩"。

【居留情况】常见留鸟或冬候鸟。

【IUCN濒危等级】无危（LC）。

60 中白鹭 Intermadiate Egret *Ardea intermedia*

【特征】大型涉禽，体长 69 cm。眼
黄色。脚、趾黑色。通体白色。繁
殖期，嘴黑色；下背、上胸均具蓑
羽。非繁殖期，嘴黄，先端黑褐；
蓑羽不明显。

【生境】栖息于湖泊、河流、池塘旁
边水草丰茂的浅水区域和水田中。

【习性】单独或成对活动，有时也
与白鹭、牛背鹭混群。常在树冠上
营巢，在水田或水草丛中捕食昆虫、
鱼、虾、蛙等。

【居留情况】常见留鸟。

【IUCN 濒危等级】无危（LC）。

61 白鹭　Little Egret　*Egretta garzetta*

【特征】中型涉禽，体长 60 cm。眼黄色，嘴、腿黑色，趾黄绿。通体白色。繁殖期成鸟枕部具 2 枚辫状羽，背、前胸具长而松散的蓑羽。非繁殖期的成鸟和幼鸟，无辫状冠羽和明显的蓑羽。

【生境】栖息于湖泊、池塘边的浅水沼泽、湿草地和水田中。

【习性】成群活动，有时也和其他鹭类混群。性不畏人。主要以鱼、虾、蛙、昆虫等食。

【居留情况】常见留鸟。

【IUCN 濒危等级】无危（LC）。

鹰形目 ACCIPITRIFORMES // 鹰科 Accipitridae

62 黑翅鸢　Black-winged Kite　*Elanus caeruleus*

【特征】小型猛禽，体长 30 cm。眼红色。嘴黑色，蜡膜黄色。脚黄色。上体烟灰色，翅膀具大型黑色斑块；下体白色。

【生境】栖息于荒原、旷野和疏林地带。

【习性】单独活动。常停歇在电线杆或树木的顶端，也见快速振翅悬停在空中搜寻猎物。以昆虫、蛙类、小鸟、老鼠等为食。

【居留情况】常见留鸟。

【IUCN 濒危等级】无危（LC）。

63 凤头蜂鹰　Oriental Honey Buzzard　*Pernis ptilorhynchus*

【特征】中型猛禽，体长58 cm。眼金黄。嘴黑色。脚黄色。头顶至后颈黑色，具不明显的羽冠；上体暗褐，尾羽具2或3条宽阔的黑褐色带斑；头侧、喉部淡棕白色，具黑色颚纹；下体羽色多变。

【生境】栖息于阔叶林、针阔混交林中。

【习性】单独或成对在林缘疏林活动。主要以蜜蜂、胡蜂等蜂类为食，也吃蜂蜜、蜂蜡和其他昆虫。

【居留情况】常见旅鸟或冬候鸟。

【IUCN濒危等级】无危（LC）。

64 凤头鹰 Crested Goshawk *Accipiter trivirgatus*

【特征】中型猛禽，体长 42 cm。眼黄色。嘴偏灰，蜡膜黄色。脚黄色。雄鸟头顶黑褐，后枕具黑褐色短羽冠；上体暗褐；头侧灰褐，具黑色颚纹和中央喉纹；下体白；胸具棕褐色纵纹，至腹部、两胁转为横斑；腿覆羽密布狭窄的黑色横斑。雌鸟上体褐色较淡。

【生境】栖息于山地森林或林缘地带。

【习性】多单独活动。性机警，常藏匿在高大树木的浓密枝叶中。以鼠类、小鸟、蜥蜴、蛙类、昆虫等为食。

【居留情况】常见留鸟。

【IUCN 濒危等级】无危（LC）。

65 褐耳鹰 Shikra *Accipiter badius*

【特征】小型猛禽，体长 33 cm。眼金黄。嘴黑色，蜡膜黄色。脚黄色。雄鸟上体灰褐；下体白；喉具浅灰色纵纹；胸、腹密布棕色细横纹。雌鸟上体褐色；喉纹灰色。

【生境】栖息于阔叶林或农田、草坡附近的疏林中。

【习性】单独活动。常在空中盘旋搜寻猎物。以鼠类、小鸟、蜥蜴、蛙类、昆虫等为食。

【居留情况】罕见留鸟。

【IUCN 濒危等级】无危（LC）。

66 雀鹰　Eurasian Sparrowhawk　*Accipiter nisus*

【特征】小型猛禽，体长 32 cm（♂）或 38 cm（♀）。眼金黄。嘴灰蓝，端黑，蜡膜黄色。脚黄色。眉纹白色。雄鸟上体灰褐，尾具黑褐色横带；颊、耳羽棕褐；下体白，喉具暗褐色细纹，胸、腹和两胁布以棕褐色横纹。雌鸟上体褐色，下体横纹色深。飞行时翅膀后缘略为凸出，翼下可见数条黑褐色横带。

【生境】栖息于山地森林和林缘地带，也常见于农田、村庄附近。

【习性】多单独活动。飞行时振翅和滑翔交替进行，也能自如地在树林中穿梭。主要以鼠类、小鸟、昆虫为食。

【居留情况】流域内分布有两个亚种，其中，*A. n. nisosimilis* 为常见旅鸟或冬候鸟；*A. n. melaschistos* 为常见夏候鸟或留鸟。

【IUCN 濒危等级】无危（LC）。

67 白尾鹞 Hen Harrier *Circus cyaneus*

【特征】中型猛禽，体长 50 cm。眼黄色。嘴黑，蜡膜黄色。脚黄色。雄鸟体羽大致为银灰色；翼尖黑色；尾上、尾下覆羽和腹部纯白。雌鸟体羽暗褐，具淡色领环；尾上覆羽白色；下体淡棕，具棕褐色纵纹。

【生境】栖息于开阔湖泊、沼泽附近的荒野、农田及疏林地带。

【习性】单独活动。飞行敏捷，常低空飞行或藏匿在草丛中搜寻猎物。以鼠类、小鸟、蜥蜴、蛙类、昆虫等为食。

【居留情况】常见旅鸟或冬候鸟。

【IUCN 濒危等级】无危（LC）。

68 鹊鹞　Pied Harrier　*Circus melanoleucos*

【特征】中型猛禽，体长 42 cm。眼黄色。嘴端黑色，蜡膜黄色。脚黄色。雄鸟头、颈、背、胸及翼尖黑色，尾羽灰色；身体余部白色。雌鸟上体暗褐，尾上覆羽白色；下体棕白，具浅褐色纵纹。

【生境】栖息于开阔的旷野、农田、沼泽地带。

【习性】单独活动。常在灌丛、草地上空缓慢飞行，搜寻猎物。以鼠类、小鸟、蜥蜴、蛙类、昆虫等为食。

【居留情况】常见旅鸟或冬候鸟。

【IUCN 濒危等级】无危（LC）。

69 黑鸢 Black Kite *Milvus migrans*

【特征】中型猛禽，体长55 cm。眼暗褐。嘴黑色，蜡膜黄绿。脚黄色。上体暗褐色，尾呈浅叉形；头侧灰白，耳羽黑褐；喉及尾下覆羽淡棕褐色；胸、腹棕褐。飞行时翼尖黑色，与初级飞羽基部的白色斑块对比明显。

【生境】栖息于开阔的农田、旷野地带。

【习性】单独或小群活动。常借助气流在空中盘旋，翅膀不动，利用尾部摆动来调节方向。发现猎物，即俯冲而下。以鼠、兔、小鸟、蜥蜴、蛙、鱼类等为食，有时也会捕食家禽。

【居留情况】常见冬候鸟。

【IUCN濒危等级】无危（LC）。

70 大鵟　Upland Buzzard　*Buteo hemilasius*

【特征】大型猛禽，体长 70 cm，可分为暗、淡两种色型。眼黄色。嘴黑色，蜡膜黄色。脚黄色，跗蹠前缘被羽至趾基。暗色型体羽大多暗褐，头、颈较淡，下体淡棕。淡色型头顶、后颈纯白，具暗色羽干纹。

【生境】栖息于开阔的高山草原、荒漠地带。

【习性】单独活动。性凶猛、机警。常停歇在树梢、电线杆上，也会在空中盘旋，搜寻猎物。以啮齿类、鸟类、蛇类、蜥蜴等为食。

【居留情况】罕见旅鸟。

【IUCN 濒危等级】无危（LC）。

71 普通鵟 Eastern Buzzard *Buteo japonicus*

【特征】中型猛禽，体长 55 cm。眼黄色。嘴黑色，蜡膜黄色。脚黄绿，跗蹠下部裸露。羽色多变，通体暗褐色，或上体褐色，下体淡棕白，杂以棕褐色纵纹。飞行时翅膀下的大型白斑非常明显。

【生境】栖息于林缘地带，也出现在旷野、农田和村庄上空。

【习性】单独活动。性机警，善于飞翔。滑翔时两翼略向上抬，形成浅"V"形，而尾呈扇形展开。主要捕食啮齿类、鸟、蛇、蜥蜴、大型昆虫，也会偷吃家禽。

【居留情况】常见冬候鸟。

【IUCN 濒危等级】无危（LC）。

鸮形目 STRIGIFORMES // 鸱鸮科 Strigidae

72 灰林鸮　Tawny Owl　*Strix aluco*

【特征】体长 43 cm。眼褐色。嘴、脚黄色。头圆，无耳羽簇。上体棕褐，密布斑杂的黑褐色斑纹；翅膀具棕白色翼斑；下体浅棕黄，具黑褐色纵纹和棕褐色虫蠹状横纹。

【生境】栖息于阔叶林、混交林，以及农田、公园、居民区附近的树林中。

【习性】夜行性鸟类。单独或成对活动。白天隐藏在高大树木稠密的枝叶中，傍晚开始活动、觅食。主要以鼠类为食，也吃小鸟、蛙类、昆虫等。

【居留情况】罕见留鸟。

【IUCN 濒危等级】无危（LC）。

73 斑头鸺鹠 Asian Barred Owlet *Glaucidium cuculoides*

【特征】体长 24 cm。眼黄色。嘴、脚黄绿。无耳羽簇。具不明显的白色眉纹。头、颈、胸及上体褐色；翼、尾黑褐，密布淡棕色细横斑；具白色喉斑；下体余部白色，布以棕褐色纵纹。

【生境】栖息于森林、林缘疏林，以及农田、村庄附近的树林中。

【习性】单独或成对活动。鸣声洪亮，夜间鸣叫频繁，但白天也会活动、觅食。主要以昆虫为食，也吃鼠类、小鸟、蜥蜴、蛙类等。

【居留情况】常见留鸟。

【IUCN 濒危等级】无危（LC）。

犀鸟目 BUCEROTIFORMES // 戴胜科 Upupidae

74 戴胜　Common Hoopoe　*Upupa epops*

【特征】体长 30 cm。眼褐色。嘴黑色，细长而下弯。脚黑褐。具扇状棕色羽冠，羽端黑色。头、颈、背及胸棕褐；肩、腰及翼、尾黑色，散布宽阔的白色条纹；下腹、尾下覆羽白色。

【生境】栖息于城镇、村庄、农田、果园、公园和林缘地带。

【习性】单独或成对活动。性不畏人。停歇时羽冠张开，受到惊吓时收拢。飞行时上下起伏，波浪式前进。常用长嘴插入泥土中翻动、搜寻食物。以昆虫及其幼虫为食，也吃蠕虫等。

【居留情况】常见留鸟。

【IUCN 濒危等级】无危（LC）。

佛法僧目 CORACIIFORMES // 蜂虎科 Meropidae

75 蓝须蜂虎 Blue-bearded Bee-eater *Nyctyornis athertoni*

【特征】体长 30 cm。眼橘黄。嘴黑褐色。脚暗绿。上体、喉、胸草绿色；额及头顶沾蓝；喉、胸部中央具长而突出的蓝色羽毛；下体余部棕黄，满布粗著的暗绿色纵纹。

【生境】栖息于山地、沟谷森林，以及河流、村庄附近的树林中。

【习性】单独或成对在树木中上层活动。常停歇在树枝上搜寻空中的飞虫，飞扑后又回到原位，等待下一次捕食。主要以蜂类为食，也吃蝉、白蚁、蜻蜓等。

【居留情况】罕见留鸟。

【IUCN 濒危等级】无危（LC）。

76 栗喉蜂虎　Blue-tailed Bee-eater　*Merops philippinus*

【特征】体长 30 cm。眼红色。嘴黑色。脚暗褐。头顶、背、肩绿色沾棕；翼上渲染蓝色；腰、尾上覆羽及尾部蓝色，中央尾羽特长；贯眼纹黑色；喉栗红，胸以下浅绿沾棕；下腹、尾下覆羽转为淡蓝。

【生境】栖息于旷野和林缘地带。

【习性】集群生活。常停歇在电线或树梢上。在开阔的农田和旷野上空飞行、捕食。在沙土崖壁上挖穴为巢，形成非常壮观的群巢。主要以蝶类、蛾类、蜻蜓、蜂类、蝉等为食。

【居留情况】常见夏候鸟。

【IUCN 濒危等级】无危（LC）。

// 佛法僧科 Coraciidae

77 棕胸佛法僧 Indian Roller *Coracias benghalensis*

【特征】体长 33 cm。眼褐色。嘴黑褐，略向下弯。脚黄褐。头顶暗蓝，两侧亮蓝；背、肩紫褐；腰、尾上覆羽蓝色；中央尾羽褐色，外侧尾羽淡蓝，基部紫蓝，具褐色端斑；喉、胸、上腹棕褐，胸部沾紫；下腹、尾下覆羽淡蓝色。飞行时淡蓝色翅膀和尾部的紫蓝色带极为醒目。

【生境】栖息于开阔的旷野、农田和林缘疏林地带。

【习性】单独活动。常停歇在树木顶端、电线上。捕食飞虫，如苍蝇、蜻蜓、蝶类、蛾类，也吃甲虫、蟋蟀、蝗虫、蛙类等。

【居留情况】常见留鸟。

【IUCN 濒危等级】无危（LC）。

// 翠鸟科 Alcedinidae

78 白胸翡翠　White-throated Kingfisher　*Halcyon smyrnensis*

【特征】体长 27 cm。眼褐色。嘴、脚红色。体羽大部为暗栗褐色；下背、腰、尾亮蓝；颏、喉、胸部中央白色。

【生境】栖息于河流、湖泊、池塘、沼泽、水田等附近的树林、灌丛中。

【习性】单独活动。常停歇在水边的电线、树枝、岩石上，伺机捕猎。以鱼、蛙、蛇、鼠和昆虫等为食。

【居留情况】常见留鸟。

【IUCN 濒危等级】无危（LC）。

79 普通翠鸟 Common Kingfisher *Alcedo atthis*

【**特征**】体长 15 cm。眼褐色。嘴黑，雌鸟下嘴橘黄。脚红色。耳羽橘黄，耳后白色；头顶蓝黑，满布淡蓝色斑点；上体亮蓝；肩、翼暗蓝绿色；喉白色；下体橙棕。

【**生境**】栖息于溪流、湖泊、池塘、水田等附近的树林、灌丛中。

【**习性**】单独活动。常停歇在水边的树枝、岩石上，静静地注视着水中的情况，见到鱼、虾时就会冲入水中捕食，有时也吃水生昆虫。

【**居留情况**】常见留鸟。

【**IUCN 濒危等级**】无危（LC）。

啄木鸟目 PICIFORMES // 拟啄木鸟科 Capitonidae

80 大拟啄木鸟　Great Barbet　*Psilopogon virens*

【特征】体长 30 cm。眼褐色。嘴粗大，淡黄色，上嘴端黑。脚灰色。头、颈蓝黑，背、肩及上胸栗褐色，上体余部草绿；下胸、腹中央蓝绿色；两胁黄褐，具绿色纵纹；尾下覆羽红色。

【生境】栖息于中低山常绿阔叶林或针阔混交林中。

【习性】单独或成对活动。常停歇在高大乔木顶部的树枝上。鸣声单调、响亮。主要以植物果实、种子、花等为食，也吃昆虫。

【居留情况】常见留鸟。

【IUCN 濒危等级】无危（LC）。

// 啄木鸟科 Picidae

81 蚁䴕 Eurasian Wryneck *Jynx torquilla*

【特征】体长 17 cm。眼黄褐。嘴呈
圆锥状，嘴、脚铅灰。上体银灰，
后颈至背部具棕黑色纵纹；肩、翼
棕褐，杂以黑褐色虫蠹状斑纹；下
体淡棕白，具黑褐色细横纹。

【生境】栖息于阔叶林、混交林、林
缘疏林，以及果园、村庄附近的树
林中。

【习性】单独活动。颈部灵活，能向
各个方向扭动，故被称为"歪脖"。
多在地面上捕食蚂蚁，也吃甲虫等。

【居留情况】罕见冬候鸟或旅鸟。

【IUCN 濒危等级】无危（LC）。

82 星头啄木鸟　Grey-capped Woodpecker　*Dendrocopos canicapillus*

【特征】体长 15 cm。眼浅褐。嘴、脚灰黑。头顶灰色；上体黑色，下背、腰及翼具白色斑块；宽阔的白色眉纹延伸至颈侧，颚纹亦白；颏、喉灰白；下体淡棕黄，密布黑色细纵纹。雄鸟枕侧具红色羽簇。

【生境】栖息于森林、公园，以及村庄附近的树林中。

【习性】单独或成对活动。飞行时上下起伏，呈波浪式前进。常在树木的中上部攀爬、觅食。主要以昆虫为食，偶尔也吃果实、种子。

【居留情况】常见留鸟。

【IUCN 濒危等级】无危（LC）。

83 大斑啄木鸟　Great Spotted Woodpecker　*Dendrocopos major*

【特征】体长 24 cm。眼暗红。嘴、脚灰色。额、头侧棕白；颧纹黑色，与颊后、胸侧的黑色带纹相连；头顶亮黑，枕深红色；上体黑色；肩白色，翼黑色，具白色横斑；下体浅棕褐，下腹、尾下覆羽红色。雌鸟枕黑，无红色。

【生境】栖息于森林、林缘疏林，以及村庄附近的树林中。

【习性】单独或成对活动。飞行时起伏较大，呈大波浪式前进。多从粗大树干的中下部向上攀爬。主要以昆虫、蜘蛛等为食，偶尔也吃植物种子。

【居留情况】常见留鸟。

【IUCN 濒危等级】无危（LC）。

84 灰头绿啄木鸟　Grey-headed Woodpecker　*Picus canus*

【特征】体长 27 cm。眼红褐或黄褐色。嘴、脚铅灰。头顶猩红，枕具黑纹；头灰色，上体绿色；翼、尾黑褐，翼上具白色横斑；眼先、颧纹黑色；下体灰色，胸、腹及两胁沾绿。雌鸟头顶灰，具黑色纵纹，无红色。

【生境】栖息于森林、林缘疏林，以及农田、村庄附近的树林中。

【习性】单独或成对活动。飞行时亦呈波浪式前进。多从树干中下部螺旋状向上攀爬，也见在地面上觅食。主要以昆虫、蚂蚁为食，偶尔也吃植物果实、种子。

【居留情况】常见留鸟。

【IUCN 濒危等级】无危（LC）。

隼形目 FALCONIFORMES // 隼科 Falconidae

85 红隼 Common Kestrel *Falco tinnunculus*

【特征】体长 33 cm。眼暗褐。嘴蓝灰，端部黑色，蜡膜黄色。脚黄色。雄鸟头、颈灰色，具明显的黑色髭纹；上体砖红，布以黑色点斑；尾青灰，具宽阔黑色次端斑和棕白色端斑；下体淡棕黄，胸具黑色纵纹，至腹转为点斑。雌鸟上体浅砖红色，头顶密布黑色纵纹。

【生境】栖息于疏林、旷野、农田中。

【习性】单独或成对活动。常在树梢或电线杆上停歇，或快速振翅，悬停空中，搜寻地面猎物。以鼠类、小鸟、蜥蜴、蛙类、昆虫等为食。

【居留情况】常见冬候鸟或留鸟。

【IUCN 濒危等级】无危（LC）。

鹦鹉目 PSITTACIFORMES // 鹦鹉科 Psittacidae

86 大紫胸鹦鹉　Lord Derby's Parakeet　*Psittacula derbiana*

【特征】我国体型最大的鹦鹉，体长43 cm。眼浅黄。上嘴亮红（♂）或黑色（♀），下嘴黑色。脚黄绿。额、眼先及颊、上喉、脸颊下方均为黑色；头紫灰沾蓝；上体绿色，两翼具黄色块斑；下体紫灰，尾下覆羽绿色。

【生境】栖息于山地森林中。

【习性】成大群活动。常在高大乔木的树洞中营巢。鸣声粗哑、嘈杂。主要以植物嫩芽、果实为食，也吃农作物种子、昆虫等。

【居留情况】常见留鸟。

【IUCN 濒危等级】近危（NT）。

雀形目 PASSERIFORMES // 莺雀科 Vireonidae

87 红翅鵙鹛 Blyth's Shrike Babbler *Pteruthius aeralatus*

【特征】体长 17 cm。眼灰蓝。上嘴黑色，下嘴灰蓝。脚黄褐。雄鸟头黑色；眉纹白而形长，延伸至颈侧；上体蓝灰；翼、尾黑色，翼斑栗红，初级飞羽端白；下体灰白。雌鸟体羽大多灰色，眉纹不明显；翼、尾绿色；尾下覆羽白。

【生境】栖息于山地森林和林缘地带。

【习性】成群活动。性活泼，常在枝叶间跳跃、觅食。主要以昆虫为食。

【居留情况】罕见留鸟。

【IUCN 濒危等级】无危（LC）。

// 山椒鸟科 Campephagidae

88 暗灰鹃鵙 Black-winged Cuckoo-shrike *Lalage melaschistos*

【特征】体长 23 cm。眼棕红。嘴、脚黑色。雄鸟上体暗石板灰；翼、尾黑色，尾具白色端斑；下体石板灰。雌鸟羽色浅淡，具不完整的白色眼圈；下体浅石灰色；尾下覆羽灰白，具黑色细纹。

【生境】栖息于森林、竹林和林缘地带。

【习性】单独或小群活动。性寂静，不善鸣叫。多在高大树木上层停歇、觅食。主要以昆虫为食，也吃蜘蛛、蜗牛、果实、种子等。

【居留情况】常见留鸟或夏候鸟。

【IUCN 濒危等级】无危（LC）。

89 粉红山椒鸟 Rosy Minivet *Pericrocotus roseus*

【特征】体长 20 cm。眼褐色。嘴、脚黑色。雄鸟额白，上体灰色，腰粉红；翼黑褐，具红色翼斑；中央尾羽黑色，外侧尾羽红色；颏、喉白色；下体粉红。雌鸟似雄鸟，但雄鸟的红色部分转为黄色。

【生境】栖息于山地森林、林缘，以及农田附近的树林中。

【习性】结群活动。多在树木中、上层活动。飞行时上下起伏，呈波浪状。主要吃昆虫、蜘蛛，也吃草籽、果实、花、苔藓等。

【居留情况】常见夏候鸟。

【IUCN 濒危等级】无危（LC）。

90 灰喉山椒鸟　Grey-chinned Minivet　*Pericrocotus solaris*

【特征】体长 17 cm。眼褐色。嘴、脚黑色。雄鸟头顶至上背石板黑，上体余部橙红；翼黑色具红色翼斑；喉灰色；下体橙红。雌鸟额无黄色，头顶至上背深灰；喉灰白；雄鸟的红色部分转为黄色。

【生境】栖息于森林、林缘。

【习性】成群活动，有时与赤红山椒鸟混群。性活泼，多在乔木树上觅食。

以昆虫为食。

【居留情况】常见留鸟。

【IUCN 濒危等级】无危（LC）。

91 长尾山椒鸟 Long-tailed Minivet *Pericrocotus ethologus*

【特征】体长 20 cm。眼褐色。嘴、脚黑色。雄鸟体羽大多为黑色；具"V"形红色翼斑；下背、腰、尾上覆羽和外侧尾羽赤红；胸及胸以下的部分亦为赤红色。雌鸟额、眼先黄色，颏黄白；上体灰褐；雄鸟的红色部分转为黄色。

【生境】栖息于山地森林、疏林灌丛中。

【习性】结群活动。多在树木上层的枝叶间活动、觅食。主要以昆虫为食，也吃果实、种子。

【居留情况】常见留鸟。

【IUCN 濒危等级】无危（LC）。

92 赤红山椒鸟　Scarlet Minivet　*Pericrocotus flammeus*

【特征】体长 19 cm。眼褐色。嘴、脚黑色。体形与长尾山椒鸟相似。雄鸟头、背、翼、尾黑色；腰、尾上覆羽、外侧尾羽及下体余部红色；具一大一小两块红色翼斑。雌鸟前头、颊深黄；头顶后部、背、肩橄榄褐色；雄鸟的红色部分转为黄色。

【生境】栖息于森林、疏林灌丛中。

【习性】成对或结群活动，有时也与其他山椒鸟混群。多在树木上层的枝叶间活动、觅食。主要以昆虫为食，也吃蜘蛛、果实、种子等。

【居留情况】常见留鸟。

【IUCN 濒危等级】无危（LC）。

// 扇尾鹟科 Rhipiduridae

93 白喉扇尾鹟 White-throated Fantail *Rhipidura albicollis*

【特征】体长 19 cm。眼褐色。嘴、脚黑色。通体黑灰；眉纹、喉白色；尾长，外侧尾羽具宽阔白色端斑。

【生境】栖息于森林、竹林和林缘的疏林灌丛中。

【习性】单独或成对活动。性活泼、好动，常将尾羽呈扇状竖起、散开，并上下左右摆动。多在树木上层的枝叶间跳跃，偶尔也会下到地面上觅食、饮水。主要以昆虫为食。

【居留情况】常见留鸟。

【IUCN 濒危等级】无危（LC）。

// 卷尾科 Dicruridae

94 黑卷尾　Black Drongo　*Dicrurus macrocercus*

【特征】体长 30 cm。眼褐色。嘴、脚黑色。通体黑色，具金属光泽；尾长，呈叉状，最外侧尾羽稍向上卷曲。幼鸟暗淡，胸以下羽毛具白色端斑。

【生境】栖息于林缘或开阔地带的疏林灌丛中。

【习性】成对或小群活动。性凶猛、好斗。常停歇在电线、树梢上。主要以昆虫为食。

【居留情况】常见留鸟或夏候鸟。

【IUCN 濒危等级】无危（LC）。

95 灰卷尾 Ashy Drongo *Dicrurus leucophaeus*

【特征】体长 28 cm。眼红色。嘴、脚黑色。额、眼先黑色；通体灰黑；上体具蓝色光泽；尾长，呈叉状。

【生境】栖息于森林、林缘疏林，以及村庄附近的树林中。

【习性】单独或成对活动。多停歇在高大树木上层。飞行时上下起伏，呈波浪状。以昆虫为食，也吃草籽、果实等。

【居留情况】常见夏候鸟。

【IUCN 濒危等级】无危（LC）。

96 发冠卷尾　Hair-crested Drongo　*Dicrurus hottentottus*

【特征】体长 32 cm。眼暗褐。嘴、脚黑色。具发状羽冠；通体绒黑，具蓝绿色光泽；外侧尾羽明显向上卷曲，尾叉不明显。

【生境】栖息于森林、林缘，以及农田、村庄附近的小树林中。

【习性】单独或成对在树冠层活动、觅食。以昆虫为食，也吃果实、种子、叶、芽等。

【居留情况】常见夏候鸟。

【IUCN 濒危等级】无危（LC）。

// 伯劳科 Laniidae

97 红尾伯劳　Brown Shrike　*Lanius cristatus*

【特征】体长 20 cm。眼褐色。嘴黑色。脚铅灰。额、眉纹白色，具黑色贯眼纹；上体棕褐；颊、喉白色；下体棕白。幼鸟背、胸及两胁具黑褐色虫蠹状斑纹。

【生境】栖息于疏林灌丛中。

【习性】单独或成对活动。常停歇在枝头、电线上，等待猎物。主要以昆虫为食。

【居留情况】常见冬候鸟。

【IUCN 濒危等级】无危（LC）。

98 棕背伯劳　Long-tailed Shrike　*Lanius schach*

【特征】体长 25 cm。眼褐色。嘴、
脚黑色。贯眼纹黑色；头顶、上背
黑色或灰色；上体余部棕色；翼、
尾黑色，具白色小翼斑；下体浅棕，
两胁、尾下覆羽棕色。

【生境】栖息于疏林灌丛中。

【习性】单独活动。性凶猛。鸣声
粗砺，但善于效鸣。常停歇在树梢、
电线上，搜寻猎物。以昆虫、蛙类、
蜥蜴、小鸟或鼠类等为食。

【居留情况】常见留鸟。

【IUCN 濒危等级】无危（LC）。

99 灰背伯劳 Grey-backed Shrike *Lanius tephronotus*

【特征】体长25 cm。眼褐色。嘴黑褐，下嘴基部色淡。脚黑色。具黑色贯眼纹；头顶至下背灰色；腰、尾上覆羽棕黄；下体近白，两胁沾棕。

【生境】栖息于林缘地带，以及村庄、农田附近的疏林灌丛中。

【习性】单独或成对活动。多停歇在枝头或电线上。以昆虫、小鸟、啮齿类等为食。

【居留情况】常见留鸟。

【IUCN 濒危等级】无危（LC）。

// 鸦科 Corvidae

100 灰喜鹊　Azure-winged Magpie　*Cyanopica cyanus*

【特征】体长 35 cm。眼褐色。嘴、脚黑色。头顶、颈黑色；上体棕灰；翼、尾灰蓝；尾长，具白色端斑；颏、喉白色，下体余部淡棕灰。

【生境】栖息于次生林、人工林，以及村镇、公园里的小树林中。

【习性】成小群活动。多在枝叶间穿梭、跳跃。以昆虫、果实、种子等为食。

【居留情况】常见留鸟。

【IUCN 濒危等级】无危（LC）。

101 红嘴蓝鹊 Red-billed Blue Magpie *Urocissa erythroryncha*

【特征】体长 68 cm。眼橘红。嘴、脚红色。头、颈、喉、上胸黑色；头顶淡紫，上体紫蓝灰色；翼、尾紫蓝，尾极长，具白色端斑和黑色次端斑；下体白色。

【生境】栖息于森林、竹林和林缘地带。

【习性】成对或小群活动。性活泼、喧闹。飞行姿态优雅，翅膀平伸，长长的尾羽随风飘荡。以昆虫、果实、种子和农作物为食，也吃雏鸟、鸟卵、蛙类、蜥蜴等。

【居留情况】常见留鸟。

【IUCN 濒危等级】无危（LC）。

102 喜鹊　Common Magpie　*Pica pica*

【特征】体长 45 cm。眼黑褐。嘴、脚黑色。体羽大致为亮黑色；肩、腹白色。

【生境】栖息于林缘、农田、公园、村镇等各类生境中。

【习性】成对或小群活动。性机警。在地面上多跳跃前进，停立时尾常上下晃动。以昆虫、果实、种子、农作物等为食。

【居留情况】常见留鸟。

【IUCN 濒危等级】无危（LC）。

103 小嘴乌鸦 Carrion Crow *Corvus corone*

【**特征**】体长 50 cm。眼褐色。嘴、脚黑色。通体亮黑。与大嘴乌鸦相比，嘴形细小，额弓较低。

【**生境**】栖息于农田、沼泽、村庄、城镇等各类生境中。

【**习性**】成群活动。停歇在枝头或电线上。常在地面上行走、觅食。以昆虫、果实、种子、农作物等为食，也吃雏鸟、鸟卵、鼠类、蜥蜴、蛙类和动物尸体。

【**居留情况**】常见留鸟或旅鸟。

【**IUCN 濒危等级**】无危（LC）。

104 白颈鸦　Collared Crow　*Corvus pectoralis*

【特征】体长 54 cm。眼褐色。嘴、脚黑色。体羽大致为亮黑色；后颈、颈侧、胸部白色，连接形成宽阔的白色领环。

【居留情况】罕见留鸟。

【IUCN 濒危等级】近危（NT）。

【生境】栖息于旷野、荒原，以及农田、村庄附近的树林中。

【习性】成对或小群活动，有时与小嘴乌鸦混群。多在农田、荒地、泥滩上行走、觅食。食性与其他乌鸦相似。

105 大嘴乌鸦 Large-billed Crow *Corvus macrorhynchos*

【特征】体长 50 cm。眼褐色。嘴形
粗厚，嘴、脚黑色。通体亮黑，额
弓高而突出。

【生境】栖息于森林、林缘疏林，以
及农田、沼泽、村镇等附近的树林
中。

【习性】成群活动，有时与小嘴乌鸦
混群。以昆虫为食，也吃雏鸟、蛙
类、鼠类、动物尸体，以及种子、
果实、农作物等。

【居留情况】常见留鸟。

【IUCN 濒危等级】无危（LC）。

// 玉鹟科 Stenostiridae

106 方尾鹟　Grey-headed Canary Flycatcher　*Culicicapa ceylonensis*

【特征】体长 13 cm。眼褐色。嘴上黑，下褐。脚肉褐。头灰黑；上体橄榄绿色；下体黄色。

【生境】栖息于阔叶林、混交林、次生林、竹林和林缘疏林灌丛中。

【习性】单独或成对在树枝上活动、觅食。以昆虫为食。

【居留情况】常见留鸟。

【IUCN 濒危等级】无危（LC）。

// 山雀科 Paridae

107 黄腹山雀 Yellow-bellied Tit *Pardaliparus venustulus*

【特征】体长 10 cm。眼褐色。嘴蓝黑。脚铅灰。雄鸟头及上背黑色，后颈具白斑；下背、腰蓝灰；翼暗褐，羽缘灰绿，具 2 道白色翼斑；颊、耳羽、颈侧白色；颏、喉、上胸黑色，下体余部黄色。雌鸟上体灰绿；颊、耳羽及颏、喉灰白；下体淡黄绿。

【生境】栖息于森林和林缘疏林灌丛中。

【习性】成群活动，有时与大山雀等混群。常在树枝上跳跃、穿梭。以昆虫为食，也吃果实、种子等。

【居留情况】罕见留鸟。

【IUCN 濒危等级】无危（LC）。

108 大山雀 Cinereous Tit *Parus cinereus*

【特征】体长 14 cm。眼褐色。嘴黑。脚深灰。头黑色；上体蓝灰，上背沾黄绿色；翼黑褐，具灰白色翼斑；头侧具三角形白斑；颏、喉黑色，与胸、腹中央宽阔的黑色纵纹相连；下体余部白色。

【生境】栖息于森林、林缘地带，以及果园、居民区附近的小树林中。

【习性】单独、成对或小群活动。性活泼，不甚畏人。在树枝上跳跃、觅食。飞行略呈波浪状。主要以昆虫为食，也吃蜘蛛、蜗牛、草籽、花等。

【居留情况】常见留鸟。

【IUCN 濒危等级】无危（LC）。

109 绿背山雀　Green-backed Tit　*Parus monticolus*

【**特征**】体长 13 cm。眼褐色。嘴黑色。脚灰黑。头黑色，后颈具白斑；上背、肩黄绿，腰、尾上覆羽灰蓝；翼、尾黑褐，具 2 道白色翼斑；头侧具白斑；下体黄色，腹部中央宽阔的黑色纵纹与黑色的喉、胸相连。

【**生境**】栖息于森林、林缘地带，以及果园、居民区附近的小树林中。

【**习性**】成对或小群活动，有时与其他山雀混群。性活泼，行动敏捷。多在树枝间跳跃、穿梭。主要以昆虫为食，也吃草籽等。

【**居留情况**】常见留鸟。

【**IUCN 濒危等级**】无危（LC）。

110 黄颊山雀 Yellow-cheeked Tit *Machlolophus spilonotus*

【**特征**】体长 14 cm。眼褐色。嘴黑色。脚蓝灰。头顶、羽冠黑色；额、枕及头侧鲜黄，眼后纹黑色；上背黑色，满布蓝灰色点斑；下背、腰及尾上覆羽蓝灰；颏、喉、尾下覆羽和胸、腹的中央部分均为黑色；下体余部蓝灰。

【**生境**】栖息于森林和林缘疏林灌丛中。

【**习性**】成对或小群活动，有时与大山雀等混群。性活泼。常在树冠层的枝叶间跳跃、穿梭，有时也会到林下灌丛或低矮的树枝上觅食。以昆虫为食，也吃果实、种子等。

【**居留情况**】常见留鸟。

【**IUCN 濒危等级**】无危（LC）。

// 百灵科 Alaudidae

111 小云雀 Oriental Skylark *Alauda gulgula*

【特征】体长 15 cm。眼褐色。嘴褐色。脚肉黄。头具短羽冠。上体棕褐，满布黑褐色纵纹；翼、尾黑褐，羽缘淡棕白，最外侧尾羽白色；眉纹淡棕白，颊、耳羽棕褐；下体淡棕，胸部色深，具黑褐色纵纹。

【生境】栖息于开阔的荒野、草地和农田中。

【习性】成群在地面上活动，有时也与鹨等混群。鸣声清脆。常从草丛中垂直飞上空中，略作停留后快速下坠。以昆虫、草籽和农作物等为食。

【居留情况】常见留鸟。

【IUCN 濒危等级】无危（LC）。

// 扇尾莺科 Cisticolidae

112 山鹪莺　Striated Prinia　*Prinia crinigera*

【特征】体长 16.5 cm。眼浅褐。嘴黑色。脚粉褐。头顶至上背栗褐，满布灰色纵纹；上体余部棕褐；尾极长，呈凸状，外侧尾羽具淡色尖端；颊淡棕褐；下体棕白，胸具黑色纵纹，两胁、尾下覆羽茶黄。

【生境】栖息于稀树灌丛和开阔地带的灌草丛中。

【习性】单独或成对活动。常停歇在低矮树枝或灌木顶端，尾向上竖直翘起。在灌草丛的枝叶间觅食。主要以昆虫为食。

【居留情况】常见留鸟。

【IUCN 濒危等级】无危（LC）。

113 黑喉山鷦莺 Black-throated Prinia *Prinia atrogularis*

【特征】体长 16 cm。眼淡褐。上嘴黑褐，下嘴肉褐。脚肉褐。夏羽上体暗棕褐，头、颈色深；翼、尾棕褐；眉纹白色，眼先及颊灰黑；颏、喉白色，胸、两胁及尾下覆羽淡棕黄，腹棕白；喉侧、胸具黑色斑纹。冬羽似夏羽，但羽色多染棕黄。

【生境】栖息于疏林、灌丛、草丛中。

【习性】单独或成对活动。性活泼，多在枝叶间跳跃，尾常向上竖起。主要以昆虫为食，也吃果实、种子。

【居留情况】常见留鸟。

【IUCN 濒危等级】无危（LC）。

114 暗冕山鹪莺　Rufescent Prinia　*Prinia rufescens*

【特征】体长 11.5 cm。眼淡褐。嘴
黑。脚肉褐。夏羽额至枕、头侧石
板灰；上体暗棕褐；尾羽暗棕，具
黑色次端斑和灰白色端斑；眼先黑
褐，白色眉纹短；下体淡棕白，两
胁及尾下覆羽茶黄。冬羽似灰胸山
鹪莺，但眉纹明显，下体多茶黄色，
无灰色胸带。

【生境】栖息于疏林、灌丛、草丛中。

【习性】单独或成对活动。多在农
田、村落附近的灌草丛中活动、觅
食。主要以昆虫为食。

【居留情况】常见留鸟。

【IUCN 濒危等级】无危（LC）。

115 纯色山鹪莺 Plain Prinia *Prinia inornata*

【特征】体长 15 cm。眼浅褐。嘴上褐下粉。脚肉褐。夏羽上体灰褐，头顶较暗；眼先、眉纹、眼周棕白；下体白色，胸、两胁及尾下覆羽皮黄白。冬羽上体红棕，下体棕白。

【生境】栖息于农田、村庄、湿地附近的灌丛和高草丛中。

【习性】单独或成对活动。性活泼。常在灌丛下部或草丛中跳跃、觅食。很少长距离飞行，飞行呈波浪状。主要以昆虫为食，也吃蜘蛛、草籽。

【居留情况】常见留鸟。

【IUCN 濒危等级】无危（LC）。

116 长尾缝叶莺　Common Tailorbird　*Orthotomus sutorius*

【特征】体长 12 cm。眼淡褐。上嘴褐色，下嘴色浅。脚肉褐。额、头顶棕色，枕棕褐；上体橄榄绿；颊灰褐色；下体淡棕白，两胁沾灰。

【生境】栖息于农田、果园、居民区附近的疏林灌丛中。

【习性】单独或成对活动。性活泼，常在枝叶间跳跃。停歇时会将尾向上翘起。主要以昆虫为食，也吃蜘蛛、蚂蚁、果实、种子等。

【居留情况】常见留鸟。

【IUCN 濒危等级】无危（LC）。

// 苇莺科 Acrocephalidae

117 东方大苇莺 Oriental Reed Warbler *Acrocephalus orientalis*

【特征】体长 19 cm。眼褐色。嘴上褐下粉。脚灰褐。上体橄榄褐色，头顶较暗；眉纹淡皮黄，具黑褐色贯眼纹；颏、喉近白；下体淡棕黄，胸具不明显的灰褐色细纵纹，两胁褐色。

【生境】栖息于湖畔和水边的芦苇丛、柳树灌丛中。

【习性】单独或成对活动。性机警，善于藏匿。常站立在芦苇顶端或小树树梢上高声鸣唱。主要以昆虫为食，也吃蜘蛛、蛞蝓等。

【居留情况】常见夏候鸟或旅鸟。

【IUCN 濒危等级】无危（LC）。

蝗莺科 Locustellidae

118 沼泽大尾莺 Striated Grassbird *Megalurus palustris*

【特征】体长 26 cm（♂）或 23 cm（♀）。眼褐色。嘴上黑下浅。脚偏粉。头顶棕栗；上体暗黄褐色，背具粗著的黑色纵纹；尾尖长，凸状；眉纹、下体淡黄白；胸、尾下覆羽具黑褐色细纵纹。

【生境】栖息于村庄、农田、水塘边的芦苇丛和灌草丛中。

【习性】单独活动。停歇时多在芦苇、灌木顶部的枝条上鸣叫，不停摆动尾部。主要以昆虫为食。

【居留情况】常见留鸟。

【IUCN 濒危等级】无危（LC）。

燕科 Hirundinidae

119 家燕 Barn Swallow *Hirundo rustica*

【特征】体长 20 cm。眼暗褐。嘴、脚黑色。上体亮蓝黑色；尾具白斑，深叉状；额、颏、喉、上胸棕栗；胸带黑色；下体余部白色。

【生境】栖息于城镇、村庄及附近的田野中。

【习性】成群活动。善于飞行，快速敏捷，不停地在空中穿梭，飞捕昆虫。

【居留情况】常见夏候鸟。

【IUCN 濒危等级】无危（LC）。

120 金腰燕 Red-rumped Swallow *Cecropis daurica*

【**特征**】体长 18 cm。眼暗褐。嘴、脚黑褐。上体辉蓝黑，腰棕栗色；头侧棕灰，密布暗褐色细纹；颈侧棕栗；下体棕白，具黑色细纵纹。

【**生境**】栖息于山区附近的城镇、村庄。

【**习性**】成群活动。常停歇在屋檐和电线上。生活习性与家燕相似，以昆虫为食。

【**居留情况**】常见夏候鸟。

【**IUCN 濒危等级**】无危（LC）。

// 鹎科 Pycnonotidae

121 凤头雀嘴鹎 Crested Finchbill *Spizixos canifrons*

【特征】体长 22 cm。眼褐色。嘴短厚，象牙色。脚肉褐。前头、颊灰色，具明显的黑色羽冠；上体橄榄绿，尾具宽阔黑色端斑；下体黄绿。

【生境】栖息于森林、稀树灌丛，以及果园、农田、村庄附近的树林中。

【习性】成对或成群活动。多在树木中层的枝条上活动。主要以昆虫、果实、种子等为食。

【居留情况】常见留鸟。

【IUCN 濒危等级】无危（LC）。

122 领雀嘴鹎　Collared Finchbill　*Spizixos semitorques*

【特征】体长 23 cm。眼褐色。嘴短粗，象牙色。脚肉褐。头黑色；上体橄榄绿，尾具黑色端斑；颊、耳羽杂有白色细纹，具白色半环状领圈；下体橄榄黄。

【生境】栖息于森林、林缘灌丛，以及果园、村落附近的树林、灌丛中。

【习性】成对或结群活动。主要以果实、草籽、嫩叶和农作物种子为食，也吃昆虫。

【居留情况】罕见留鸟。

【IUCN 濒危等级】无危（LC）。

123 红耳鹎 Red-whiskered Bulbul *Pycnonotus jocosus*

【特征】体长 20 cm。眼褐色。嘴、脚黑色。头黑色，具显著羽冠；上体褐色；尾黑褐，外侧尾羽具白色端斑；耳羽、颊、喉白色，眼后具小红斑；颧纹黑色；下体近白，具不完整的黑褐色胸带，尾下覆羽红色。

【生境】栖息于森林、林缘，以及农田、居民区附近的树林、竹林、灌丛中。

【习性】成群活动。性活泼，不甚畏人。多在树木上层活动、觅食。以种子、果实、花、嫩叶、昆虫等为食。

【居留情况】常见留鸟。

【IUCN 濒危等级】无危（LC）。

124 黄臀鹎　Brown-breasted Bulbul　*Pycnonotus xanthorrhous*

【特征】体长 20 cm。眼褐色。嘴、脚黑色。头黑色，羽冠不明显；上体褐色；耳羽浅棕褐；喉白，具褐色胸带；腹灰白，尾下覆羽黄色。

【生境】栖息于森林、林缘，以及农田、居民区附近的树林、灌丛中。

【习性】成群活动，有时与其他鹎混群。性活泼，不甚畏人。主要以果实、种子、昆虫等为食。

【居留情况】常见留鸟。

【IUCN 濒危等级】无危（LC）。

125 白头鹎 Light-vented Bulbul *Pycnonotus sinensis*

【特征】体长 19 cm。眼褐色。嘴、脚黑色。头黑，羽冠不明显；上体橄榄灰绿色；翼、尾黑褐，具黄绿色羽缘；眼后至枕白色，耳后具小白斑；下体近白，胸灰褐色，腹具不明显的黄绿色纵纹。

【生境】栖息于森林、竹林，以及农田、村落附近的树林、灌丛中。

【习性】成群活动。多在小树、灌丛中停歇、觅食。主要以果实、种子、昆虫等为食。

【居留情况】罕见冬候鸟。

【IUCN 濒危等级】无危（LC）。

126 白喉红臀鹎　Sooty-headed Bulbul　*Pycnonotus aurigaster*

【特征】体长 20 cm。眼褐色。嘴、脚黑色。头黑色，略具羽冠；上体褐色，具浅色羽缘；尾黑褐，具白色端斑；耳羽灰白；颏黑，下体灰白，尾下覆羽红色。

【生境】栖息于阔叶林、竹林，以及农田、居民区附近的树林、灌丛中。

【习性】成群在树梢、灌丛顶部活动。主要以果实、种子、花、叶和昆虫等为食。

【居留情况】常见留鸟。

【IUCN 濒危等级】无危（LC）。

127 绿翅短脚鹎　Mountain Bulbul　*Ixos mcclellandii*

【特征】体长 24 cm。眼褐色。嘴黑色。脚黑褐。头顶栗褐，羽冠短而尖；上体橄榄棕色，翼、尾亮橄榄绿；眼先灰白，颈侧红棕；喉灰，下体棕褐；喉、胸具白色纵纹；尾下覆羽浅黄。

【生境】栖息于森林，以及居民区附近的树林中。

【习性】成群在树木中上层或灌丛中活动。性喧闹，喜鸣叫。以果实、种子和昆虫等为食。

【居留情况】常见留鸟。

【IUCN 濒危等级】无危（LC）。

128 黑短脚鹎　Black Bulbul　*Hypsipetes leucocephalus*

【特征】体长 20 cm。眼黑褐。嘴、脚红色。尾呈浅叉状。根据羽色，可分为两种色型。通体黑色，或头、颈白色，身体余部黑色。

【生境】栖息于阔叶林、针阔混交林和林缘地带。

【习性】成对或成群在树冠层活动。性活泼。鸣声响亮、嘈杂。以昆虫、果实、种子为食。

【居留情况】常见夏候鸟。

【IUCN 濒危等级】无危（LC）。

// 柳莺科 Phylloscopidae

129 褐柳莺 Dusky Warbler *Phylloscopus fuscatus*

【特征】体长 11 cm。眼褐色。上嘴黑褐，下嘴黄而端黑。脚淡褐。上体暗褐色；眉纹棕白，贯眼纹黑褐；颏、喉白色，胸、两胁及尾下覆羽淡棕褐，腹污白。

【生境】栖息于森林、林缘，以及农田、村落附近的疏林灌丛中。

【习性】单独或成对活动。常站在低矮树木的枝头鸣叫，或在灌草丛中跳跃。主要以昆虫为食。

【居留情况】常见冬候鸟或旅鸟。

【IUCN 濒危等级】无危（LC）。

130 棕眉柳莺　Yellow-streaked Warbler　*Phylloscopus armandii*

【特征】体长 12 cm。眼褐色。上嘴黑褐，下嘴黄色。脚褐色。上体橄榄褐，翼、尾黑褐色；眉纹长，前黄后白；贯眼纹暗褐，颈侧黄褐；下体白色沾绿，具黄色细纵纹；两胁、尾下覆羽皮黄。

【生境】栖息于森林和林缘灌丛中。

【习性】单独或成对活动。常在灌丛中或树枝上跳跃、觅食。主要以昆虫为食，也吃果实、种子。

【居留情况】常见夏候鸟或留鸟。

【IUCN 濒危等级】无危（LC）。

131 云南柳莺 Chinese Leaf Warbler *Phylloscopus yunnanensis*

【特征】体长 10 cm。眼暗褐。嘴黑褐，下嘴基部黄色。脚淡褐。头顶暗橄榄褐灰，中央冠纹淡橄榄灰色；上体橄榄灰，腰黄白色；翅膀具 2 道白色翼斑；眉纹长，前皮黄后白色；具暗色贯眼纹；下体白色沾黄。

【生境】栖息于山地森林，尤其是针阔混交林中。

【习性】单独或成对活动。常站在高大松树的树梢上鸣唱。主要以昆虫为食。

【居留情况】常见留鸟。

【IUCN 濒危等级】无危（LC）。

132 黄腰柳莺　Pallas's Leaf Warbler　*Phylloscopus proregulus*

【**特征**】体长 9 cm。眼暗褐。嘴黑褐，下嘴基部黄色。脚淡褐。前额沾黄，中央冠纹淡黄绿；上体橄榄绿色，腰柠檬黄；翼、尾黑褐，具 2 道黄白色翼斑；眉纹前橙后黄；贯眼纹暗褐；头侧沾黄；下体灰白。

【**生境**】栖息于森林和林缘疏林灌丛中。

【**习性**】单独或成对活动。性活泼。鸣声洪亮。多在树冠层的枝叶间跳跃、鸣叫。主要以昆虫为食。

【**居留情况**】常见冬候鸟或旅鸟。

【**IUCN 濒危等级**】无危（LC）。

133 黄眉柳莺 Yellow-browed Warbler *Phylloscopus inornatus*

【特征】体长 11 cm。眼褐色。嘴褐色，下嘴基部黄色。脚淡褐。上体橄榄绿，头顶色深；翼、尾黑褐，具 2 道黄白色翼斑；眉纹黄白，贯眼纹暗褐；下体白色，胸、两胁和尾下覆羽沾黄绿。

【生境】栖息于森林、林缘疏林灌丛，以及居民区附近的树林中。

【习性】单独或成对活动。多在树冠层浓密的枝叶间鸣唱、活动。主要以昆虫为食。

【居留情况】常见冬候鸟。

【IUCN 濒危等级】无危（LC）。

134 双斑绿柳莺 Two-barred Warbler *Phylloscopus plumbeitarsus*

【**特征**】体长 12 cm。眼褐色。嘴上黑下黄。脚暗褐。上体橄榄绿色，头顶色暗；翼、尾黑褐，具 2 道白色翼带；眉纹黄白，贯眼纹黑褐；下体白色或污灰白。

【**生境**】栖息于森林、林缘疏林灌丛中。

【**习性**】成小群活动。性活泼。多在枝叶茂盛的树冠层跳跃、觅食。以昆虫、蜘蛛等为食。

【**居留情况**】常见旅鸟或冬候鸟。

【**IUCN 濒危等级**】无危（LC）。

135 冕柳莺 Eastern Crowned Warbler *Phylloscopus coronatus*

【特征】体长 12 cm。眼褐色。嘴上黑下黄。脚褐色。上体橄榄绿色，头顶色深，头后部具灰白色冠纹；翼暗褐，具一道细的淡黄色翼斑；眉纹黄白，贯眼纹暗褐；下体白色沾灰，尾下覆羽淡柠檬黄。

【生境】栖息于森林、林缘疏林灌丛中。

【习性】单独、成对或结群活动，有时与其他柳莺混群。性活泼。多在树顶的枝叶间跳跃、觅食。主要以昆虫为食。

【居留情况】罕见旅鸟。

【IUCN 濒危等级】无危（LC）。

136 冠纹柳莺 Claudia's Leaf Warbler *Phylloscopus claudiae*

【特征】体长 10.5 cm。眼褐色。嘴上褐下黄。脚黄褐。上体橄榄绿，头顶沾灰黑，中央冠纹淡黄色；具2道淡黄色翼斑；眉纹前黄后白，贯眼纹暗褐；下体灰白，胸部沾黄。

【生境】栖息于森林和林缘地带。

【习性】单独、成对或小群活动。常交替振动翅膀，在树干上攀缘。主要以昆虫为食。

【居留情况】常见夏候鸟或旅鸟、冬候鸟。

【IUCN 濒危等级】无危（LC）。

137 黑眉柳莺 Sulphur-breasted Warbler *Phylloscopus ricketti*

【特征】体长 10.5 cm。眼褐色。嘴上黑下黄。脚淡绿褐。中央冠纹淡绿黄色，头侧具黑色侧冠纹；上体橄榄绿，具 2 道淡黄色翼斑；眉纹黄色，贯眼纹黑色；下体黄色，两胁沾绿。

【生境】栖息于阔叶林和次生林中。

【习性】单独、成对或结群活动，有时与其他小鸟混群。性活泼，常在枝叶间跳跃、觅食。主要以昆虫为食。

【居留情况】罕见留鸟。

【IUCN 濒危等级】无危（LC）。

138 灰冠鹟莺　Grey-crowned Warbler　*Seicercus tephrocephalus*

【特征】体长 13 cm。眼褐色。嘴上褐下黄。脚黄褐。头顶灰色沾绿，侧冠纹乌黑；上体暗橄榄绿，翼、尾黑褐；眼眶金黄，眶后具断口；下体鲜黄，胸、两胁沾绿褐。

【生境】栖息于阔叶林和林缘疏林灌丛中。

【习性】成小群活动，有时与其他小鸟混群。多在林下灌丛的枝叶间跳跃、觅食。主要以昆虫为食。

【居留情况】常见旅鸟或冬候鸟。

【IUCN 濒危等级】无危（LC）。

// 长尾山雀科 Aegithalidae

139 红头长尾山雀 Black-throated Bushtit *Aegithalos concinnus*

【特征】体长 10 cm。眼黄色。嘴黑色。脚棕褐。头顶栗红，上体蓝灰；眼先、眼周、耳羽、枕侧黑色；下体白色，喉部具黑色斑块，胸带、两胁、尾下覆羽栗红。

【生境】栖息于森林、灌木丛，以及居民区附近的树林中。

【习性】成群活动。性活泼，常在枝叶间跳跃、觅食。主要以昆虫为食。

【居留情况】常见留鸟。

【IUCN 濒危等级】无危（LC）。

// 莺鹛科 Sylviidae

140 棕头雀鹛　Spectacled Fulvetta　*Fulvetta ruficapilla*

【特征】体长 11.5 cm。眼暗褐。嘴上黑下黄。脚角褐。头顶栗褐，具黑色侧冠纹；上体棕黄；翼红棕，具灰白色翼纹；眼圈白色；颏、喉白，具暗色纵纹；胸沾葡萄灰，下体余部棕黄。

【生境】栖息于山地森林和林缘疏林灌丛中。

【习性】单独、成对或小群活动。常在林下灌丛中穿梭、跳跃，在地面上觅食。主要以昆虫、果实、种子为食，也吃谷物等。

【居留情况】常见留鸟。

【IUCN 濒危等级】无危（LC）。

141 棕头鸦雀 Vinous-throated Parrotbill *Sinosuthora webbiana*

【特征】体长 12 cm。眼褐色。嘴褐，端部色浅。脚褐色。头顶至上背棕红，翼亦为棕红色；下背、腰、尾上覆羽橄榄褐色；喉、胸沾粉，具暗棕色细纵纹；下体余部淡黄褐色。

【环境】栖息于稀树灌丛和高草丛中。

【习性】成群活动。性活泼。鸣声嘈杂、吵闹。多在低矮树枝间或灌丛中活动。主要以昆虫为食，也吃果实、种子。

【居留情况】常见留鸟。

【IUCN 濒危等级】无危（LC）。

142 灰喉鸦雀 Ashy-throated Parrotbill *Sinosuthora alphonsiana*

【特征】体长 12.5 cm。眼淡黄。嘴浅褐色，上嘴基黑。脚肉褐。与棕头鸦雀相似。区别主要在于头侧、颈侧及喉部褐灰。

【生境】栖息于林缘低矮树丛、灌丛和高草丛中。

【习性】成群活动。多在灌丛中跳跃、觅食。主要以昆虫为食。

【居留情况】常见留鸟。

【IUCN 濒危等级】无危（LC）。

143 点胸鸦雀 Spot-breasted Parrotbill *Paradoxornis guttaticollis*

【特征】体长 18 cm。眼褐色。嘴橙黄。脚蓝灰。头顶至枕橙棕色，上体棕褐；眼先黑褐，眼圈白色；脸皮黄色，具黑色大斑块；颏黑，下体淡皮黄白，喉、上胸具细小的黑色矢状斑。

【生境】栖息于稀树灌丛、高草丛和竹林中。

【习性】成对或小群活动。性活泼。鸣声单调、嘈杂。多在高草丛中觅食，用嘴撕裂草茎，捕食昆虫，也吃果实、草籽等。

【居留情况】常见留鸟。

【IUCN 濒危等级】无危（LC）。

// 绣眼鸟科 Zosteropidae

144 纹喉凤鹛 Stripe-throated Yuhina *Yuhina gularis*

【特征】体长 15 cm。眼褐色。嘴上黑下褐。脚黄褐。额、羽冠暗褐，后颈、头侧灰褐；上体橄榄褐色；翼黑褐，具橙黄色翼纹；颏、喉棕白，具黑色纵纹，下体余部黄褐色。

【生境】栖息于阔叶林、混交林和林缘疏林灌丛中。

【习性】单独、成对或小群活动，有时与其他小鸟混群。多在低矮树木或灌木顶部的枝叶间活动、觅食。主要以花蜜、花、果实、种子等为食，也吃昆虫。

【居留情况】常见留鸟。

【IUCN 濒危等级】无危（LC）。

145 白领凤鹛 White-collared Yuhina *Yuhina diademata*

【特征】体长 17 cm。眼棕褐。上嘴
暗褐，下嘴黄色。脚黄色。额、羽
冠栗褐；眼后与枕部白色，呈明显
白领；上体土褐色；耳羽栗褐，杂
有白色细条纹；眼先、颏黑色，喉、
胸、两胁土褐，下体余部白色。

【生境】栖息于阔叶林、混交林、次
生林和林缘疏林灌丛中。

【习性】单独、成对或小群活动。常
在树木中上层的枝叶间跳跃、觅食。
主要以昆虫为食，也吃果实、种子。

【居留情况】常见留鸟。

【IUCN 濒危等级】无危（LC）。

146 棕臀凤鹛　Rufous-vented Yuhina　*Yuhina occipitalis*

【特征】体长 13 cm。眼褐色。嘴淡红褐。脚橙黄。额、羽冠及头侧灰色，杂有白色细条纹；枕部栗棕；上体棕褐；眼圈白色，颚纹黑色；喉、胸淡葡萄红褐色，腹、尾下覆羽棕黄。

【生境】栖息于森林和林缘疏林灌丛中。

【习性】成对或成群活动，有时与其他小鸟混群。常在树冠层的枝叶间或林下灌丛、竹丛中活动。主要以昆虫为食，也吃果实、种子、草籽等。

【居留情况】常见留鸟。

【IUCN 濒危等级】无危（LC）。

147 红胁绣眼鸟 Chestnut-flanked White-eye
Zosterops erythropleurus

【特征】体长 12 cm。眼褐色。上嘴褐色，下嘴蓝灰。脚蓝铅。上体黄绿，背、肩色暗；眼圈白色；头侧及颊、喉、上胸、尾下覆羽鲜硫黄色，两胁栗红，下体余部白色。

【生境】栖息于阔叶林、次生林，以及居民区附近的树林中。

【习性】结群活动。性活泼，行动敏捷。常在枝叶间跳跃、觅食。主要以昆虫、浆果、种子等为食。

【居留情况】常见冬候鸟或旅鸟。

【IUCN 濒危等级】无危（LC）。

148 暗绿绣眼鸟　**Japanese White-eye** *Zosterops japonicus*

【特征】体长 10 cm。眼褐色。嘴黑色，下嘴基部色浅。脚铅灰。上体草绿；眼圈白色，眼先和眼下方黑色，头侧黄绿；颏、喉、上胸黄色，下胸、两胁苍灰，腹部白色。

【生境】栖息于森林、林缘地带，以及居民区附近的树林中。

【习性】成群活动，有时与蓝翅希鹛、红头长尾山雀等小鸟混群。常在枝叶间或花丛中穿梭、跳跃。主要吃昆虫、蜘蛛和果实、种子、花蜜等。

【居留情况】常见留鸟。

【IUCN 濒危等级】无危（LC）。

149 灰腹绣眼鸟　Oriental White-eye　*Zosterops palpebrosus*

【特征】体长 11 cm。眼褐色。嘴黑。脚铅灰。上体黄绿；眼圈白色，眼先和眼下方黑色；颏、喉、上胸、尾下覆羽鲜黄色，下胸、两胁苍灰；腹灰白，腹部中央具不明显的黄色纵纹。

【生境】栖息于阔叶林、次生林，以及居民区附近的树林中。

【习性】成群活动，有时与其他小鸟混群。常在枝叶间穿梭、跳跃。主要吃昆虫、果实、种子等。

【居留情况】常见冬候鸟。

【IUCN 濒危等级】无危（LC）。

// 林鹛科 Timaliidae

150 斑胸钩嘴鹛　Black-streaked Scimitar Babbler
Erythrogenys gravivox

【特征】体长 24 cm。眼淡黄。嘴长而下弯，上嘴褐色，下嘴淡黄褐。脚肉褐。上体橄榄褐；额、耳羽、颈侧、胸侧、两胁及尾下覆羽锈棕红色；下体余部白色，胸具黑色粗纵纹。

【生境】栖息于低矮树林、灌丛、竹丛中。

【习性】单独、成对或小群活动。常在地面落叶层中觅食。主要以昆虫为食，也吃果实、种子、草籽等。

【居留情况】常见留鸟。

【IUCN 濒危等级】无危（LC）。

151 棕颈钩嘴鹛 Streak-breasted Scimitar Babbler
Pomatorhinus ruficollis

【特征】体长 19 cm。眼褐色。嘴淡黄，上嘴基部黑色。脚铅灰。眉纹白色，具宽阔的黑色贯眼纹；后颈栗红，上体棕褐；颏、喉白色；胸白，杂以栗色和黑色纵纹；下体余部棕褐。

【生境】栖息于阔叶林、次生林、竹林和林缘灌丛中。

【习性】单独、成对或小群活动。性活泼、胆怯。多在茂密的林下树丛、灌丛中跳跃、穿梭。以昆虫为食，也吃果实、种子等。

【居留情况】常见留鸟。

【IUCN 濒危等级】无危（LC）。

152 长尾鹪鹛　Long-tailed Wren Babbler　*Spelaeornis chocolatinus*

【特征】体长 11 cm。眼红褐。嘴黑色。脚肉褐。上体棕黄褐，具黑色鳞状斑；额、眼先、颊、耳羽灰色；喉近白，胸棕褐，具淡皮黄色和黑色斑；腹部沾灰，具白色点斑。

【生境】栖息于阔叶林、混交林、次生林和竹林灌丛中。

【习性】单独或成对活动。多在林下灌丛中或地面上活动、觅食。主要以昆虫为食。

【居留情况】罕见留鸟。

【IUCN 濒危等级】无危（LC）。

153 红头穗鹛 Rufous-capped Babbler *Cyanoderma ruficeps*

【特征】体长 12 cm。眼红色。上嘴黑褐，下嘴暗黄。脚肉褐。头顶棕红，上体橄榄灰褐色；眼圈皮黄；头侧、颏、喉、胸灰黄，颏、喉具黑色细纵纹；下体余部橄榄绿褐色。

【生境】栖息于森林中。

【习性】单独或成小群活动，有时与其他鸟类混群。多在林下矮枝上或灌丛中活动。以昆虫为食，偶尔也吃果实、种子。

【居留情况】常见留鸟。

【IUCN 濒危等级】无危（LC）。

// 幽鹛科 Pellorneidae

154 褐胁雀鹛　Rusty-capped Fulvetta　*Schoeniparus dubius*

【特征】体长 14.5 cm。眼褐色。嘴
黑色。脚肉色。额浅棕，头顶棕褐，
上体橄榄褐，眼先黑色，具黑色侧
冠纹和白色眉纹；下体白色，两胁
橄榄褐，胸腹沾皮黄色。

【生境】栖息于阔叶林、混交林、
次生林，以及居民区附近的疏林灌
丛中。

【习性】成对或小群活动。多出现在
林下灌丛和草丛中。主要以昆虫为
食，也吃果实、种子。

【居留情况】常见留鸟。

【IUCN 濒危等级】无危（LC）。

155 灰眶雀鹛 Grey-cheeked Fulvetta *Alcippe morrisonia*

【特征】体长 14 cm。眼红棕。嘴黑褐。脚角褐。眼圈灰白；头、颈深灰，具不明显的黑色侧冠纹；上体橄榄褐；喉灰，下体淡皮黄，两胁橄榄褐色。

【生境】栖息于森林、竹林，以及居民区附近的疏林灌丛中。

【习性】成对或小群活动，有时与其他鸟类混群。多在林下灌丛中或地面上活动。以昆虫为食，也吃果实、种子、嫩叶、嫩芽等。

【居留情况】常见留鸟。

【IUCN 濒危等级】无危（LC）。

// 噪鹛科 Leiothrichidae

156 矛纹草鹛　Chinese Babax　*Babax lanceolatus*

【特征】体长 26 cm。眼淡黄。嘴黑色。脚角褐。头顶暗栗红褐色，满布棕褐色纵纹；上体暗栗褐，密布灰褐色纵纹；翼、尾暗褐；头侧灰白杂以黑褐色，髭纹黑色；下体淡棕白，胸、两胁具栗褐色纵纹。

【生境】栖息于森林、竹林和林缘灌丛中。

【习性】成小群活动。性活泼，常在灌木丛或高草丛中穿梭、跳跃，也见在地面上行走、觅食。以昆虫为食，也吃叶、芽、果实和农作物种子等。

【居留情况】常见留鸟。

【IUCN 濒危等级】无危（LC）。

157 画眉　Hwamei　*Garrulax canorus*

【**特征**】体长 22 cm。眼黄色。嘴、脚偏黄。眼周白色，并向眼后延伸；上体棕褐，头顶至上背具黑色纵纹；下体棕黄，喉、胸具黑色纵纹，腹部染灰。

【**生境**】栖息于低矮树丛、灌丛中。

【**习性**】单独或成对活动。性胆怯、机警，多藏匿在茂密的灌草丛中。主要以昆虫为食，也吃果实、种子和农作物等。

【**居留情况**】常见留鸟。

【**IUCN 濒危等级**】无危（LC）。

158 黑喉噪鹛　Black-throated Laughingthrush　*Garrulax chinensis*

【特征】体长 23 cm。眼红色。嘴黑色。脚褐色。头顶至后颈蓝灰，上体余部橄榄棕褐色；额基、眼先、眼周、颏及喉黑色，额、颊、耳羽白色；下体余部橄榄灰褐色。

【生境】栖息于阔叶林、竹林中。

【习性】成小群活动。飞行笨拙。常在林下灌丛中跳跃、觅食。主要以昆虫为食，也吃果实、种子。

【居留情况】常见留鸟。

【IUCN 濒危等级】无危（LC）。

159 白颊噪鹛 White-browed Laughingthrush *Garrulax sannio*

【特征】体长 24 cm。眼褐色。嘴黑褐。脚灰褐。头浓栗褐色；上体棕褐，尾棕栗色；眼先、眉纹、颊白色；下体栗褐色，尾下覆羽棕红。

【生境】栖息于林缘地带，以及农田、居民区附近的低矮树丛、灌丛、竹丛中。

【习性】成群活动，有时与其他噪鹛混群。多在树木中下层或林下灌丛中活动，也常在地面落叶层中翻捡食物。主要以昆虫为食，也吃果实、种子。

【居留情况】常见留鸟。

【IUCN 濒危等级】无危（LC）。

160 蓝翅希鹛 Blue-winged Minla *Siva cyanouroptera*

【特征】体长 15 cm。眼褐色。嘴黑褐。脚肉褐。眼先、眉纹白色，侧冠纹暗蓝；头顶灰褐，杂有暗蓝色细纵纹；上体沙褐；翼、尾蓝色；尾呈方形，具黑色端斑；头侧、喉、胸淡葡萄灰，腹以下近白。

【生境】栖息于阔叶林、混交林、竹林，以及居民区附近的树林中。

【习性】成群活动，有时与其他鸟类混群。性活泼，常在枝叶间跳跃、觅食。以昆虫、果实、种子等为食。

【居留情况】常见留鸟。

【IUCN 濒危等级】无危（LC）。

161 红尾希鹛 Red-tailed Minla *Minla ignotincta*

【特征】体长 14 cm。眼灰色。嘴上
黑下褐。脚角褐。雄鸟眉纹白色；
头、腰、翼、尾均为黑色，背、肩
棕褐；翼斑红色，翼上覆羽和次级
飞羽具白色羽端；尾呈方形，羽缘
和末端红色；下体黄白。雌鸟似雄
鸟，但翼、尾的红色转为淡黄。

【生境】栖息于阔叶林、混交林、竹
林和林缘疏林灌丛中。

【习性】成对或结群活动。多在茂
密树林中上层的枝叶间穿梭、跳跃。
主要以昆虫为食，也吃果实、种子。

【居留情况】常见留鸟。

【IUCN 濒危等级】无危（LC）。

162 银耳相思鸟　Silver-eared Mesia　*Leiothrix argentauris*

【特征】体长 17 cm。眼红褐。嘴橙黄。脚肉褐。额橙黄，头顶黑色，耳羽银白；上体灰绿；外侧飞羽橙黄，基部朱红；尾暗灰褐，外侧尾羽橙黄；尾上下覆羽橙红；喉、胸橙红，下体余部浅棕色。雌鸟似雄鸟，但尾上下覆羽多为橙黄。

【生境】栖息于常绿阔叶林、竹林和林缘灌丛中。

【习性】单独或成对活动。性活泼，不甚畏人。多在林下灌丛、竹丛或林间空地上活动。以昆虫、果实和种子等为食，也吃农作物。

【居留情况】常见留鸟。

【IUCN 濒危等级】无危（LC）。

163 红嘴相思鸟 Red-billed Leiothrix *Leiothrix lutea*

【特征】体长 15 cm。眼褐色。嘴红，基部黑色。脚肉褐。上体暗灰绿，额至上背沾黄，具朱红色和黄色翼斑；尾黑，呈叉状；眼先、眼圈淡黄，耳羽橄榄灰；颏、喉黄色，胸橙黄，两胁沾灰，腹以下黄白。

【生境】栖息于阔叶林、混交林、竹林和林缘疏林灌丛中。

【习性】成群活动。性大胆，不甚畏人。多在矮树枝上、灌丛中跳跃、活动。休息时常紧挨在一起，梳理羽毛。以昆虫为食，也吃果实、种子、农作物等。

【居留情况】常见留鸟。

【IUCN 濒危等级】无危（LC）。

164 黑头奇鹛　Black-headed Sibia　*Heterophasia desgodinsi*

【特征】体长 24 cm。眼褐色。嘴、脚黑色。头亮黑，上体褐灰；翼、尾黑色；尾呈凸状，具灰白色端斑；下体白色，胸、两胁沾灰。

【生境】栖息于阔叶林、混交林、次生林和林缘疏林灌丛中。

【习性】单独、成对或小群在树木中上层活动。主要以昆虫、虫卵、果实、种子等为食。

【居留情况】常见留鸟。

【IUCN 濒危等级】无危（LC）。

// 旋木雀科 Certhiidae

165 高山旋木雀 Bar-tailed Treecreeper *Certhia himalayana*

【特征】体长 14 cm。眼、嘴、脚褐色，下嘴基部白色。头顶、背黑褐色，具灰白色点斑；腰锈褐，尾上覆羽淡棕褐；翼、尾棕褐，具黑褐色横斑；眉纹白，颊、耳羽黑褐；颏、喉白，下体灰棕色。

【生境】栖息于中高山针叶林、针阔混交林中。

【习性】单独或成对活动。性活泼，行动敏捷，常绕着树干从下往上螺旋状攀爬，搜捕昆虫。

【居留情况】常见留鸟。

【IUCN 濒危等级】无危（LC）。

// 鳾科 Sittidae

166 栗臀鳾　Chestnut-vented Nuthatch　*Sitta nagaensis*

【特征】体长 13 cm。眼褐色。嘴黑，下嘴基部灰色。脚灰褐。上体蓝灰；贯眼纹黑色，头侧、颈侧及下体浅皮黄色；两胁栗色；尾下覆羽白色，具栗色羽缘。

【生境】栖息于中高山森林中。

【习性】单独、成对或成群活动，有时与其他小鸟混群。常沿着树干上下竖直攀爬，或绕着树干螺旋状攀缘。主要以昆虫为食，也吃种子等。

【居留情况】常见留鸟。

【IUCN 濒危等级】无危（LC）。

167 绒额䴓 Velvet-fronted Nuthatch *Sitta frontalis*

【特征】体长 12 cm。眼黄色。嘴朱红。脚红褐。雄鸟额、眼先绒黑，眼后具黑色细纹；上体紫蓝；颏、喉白，下体灰棕紫色。雌鸟无眼后细黑纹，下体少紫色。

【生境】栖息于阔叶林、混交林，以及村庄附近的树林中。

【习性】成小群活动。性活泼，行动敏捷。多在树干上下攀缘，捕食昆虫。

【居留情况】常见留鸟。

【IUCN 濒危等级】无危（LC）。

168 红翅旋壁雀 Wallcreeper *Tichodroma muraria*

【特征】体长 16 cm。眼褐色。嘴细长，黑色。脚黑色。夏羽上体灰色；翼、尾黑色，翼上具绯红色斑和 2 道白色圆点组成的翼斑；颊、颏、喉黑色，下体灰黑。冬羽似夏羽，但颏、喉白色。

【生境】栖息于多岩石的陡坡、悬崖、峭壁上。

【习性】单独或成对活动。飞行距离短，呈波浪式前进。常在岩壁上攀爬，搜寻猎物。觅食时双翅展开，紧贴岩壁，用长嘴伸入岩缝中捕食。主要吃昆虫、蜘蛛等。

【居留情况】罕见冬候鸟。

【IUCN 濒危等级】无危（LC）。

// 椋鸟科 Sturnidae

169 八哥　Crested Myna　*Acridotheres cristatellus*

【特征】体长 26 cm。眼橙黄。嘴淡黄，基部红色。脚暗黄。体羽大致为黑色；头具短羽冠；翼斑白色；尾具狭窄的白色端斑；尾下覆羽羽缘白色。

【生境】栖息于阔叶林、竹林，以及居民区附近的树林中。

【习性】成群活动。多停歇在大树、屋脊上。常啄食农民耕地后暴露在地面上的蚯蚓、昆虫等，有时也会飞到牛背上寻找寄生虫。主要以昆虫、果实、种子、农作物为食。

【居留情况】常见留鸟。

【IUCN 濒危等级】无危（LC）。

170 家八哥 Common Myna *Acridotheres tristis*

【特征】体长 25 cm。眼红褐。眼周裸皮及嘴、脚橘黄。头、颈黑色；上体暗棕褐；翼、尾黑色，翼斑、尾端白色；下体棕褐，尾下覆羽白色。

【生境】栖息于农田、草地、果园、居民区等与人类关系密切的生境中。

【习性】成群活动。在地面上觅食，主要吃昆虫、果实、种子、农作物等。

【居留情况】常见留鸟。

【IUCN 濒危等级】无危（LC）。

171 丝光椋鸟 Silky Starling *Spodiopsar sericeus*

【特征】体长 23 cm。眼黑色。嘴红色，端黑。脚橘黄。雄鸟头、颈白色，后颈为披散的丝状羽；上体余部深灰；翼、尾黑色，翼斑白色；胸、两胁灰色，腹、尾下覆羽白色。雌鸟前头棕白，头顶深灰；上体余部灰褐；下体淡灰褐。

【生境】栖息于次生林，以及居民区附近的树林中。

【习性】成小群活动。性胆怯、机警。多在地面上觅食。主要以昆虫、果实、种子等为食。

【居留情况】常见留鸟。

【IUCN 濒危等级】无危（LC）。

172 灰椋鸟　White-cheeked Starling　*Spodiopsar cineraceus*

【**特征**】体长 24 cm。眼褐色。嘴橙红，端黑。脚橙黄。体羽大多为灰褐色；头、颈黑色；额、颊白色，杂以黑色细纹；腹中央、尾下覆羽白色。

【**生境**】栖息于旷野、林缘地带，以及农田、村落附近的树林中。

【**习性**】成群活动。多停歇在电线、树梢上，在农田、草地中觅食。主要以昆虫、果实、种子等为食。

【**居留情况**】罕见冬候鸟。

【**IUCN 濒危等级**】无危（LC）。

鸫科 Turdidae

173 虎斑地鸫　White's Thrush　*Zoothera aurea*

【特征】体长 28 cm。眼褐色。嘴褐色。脚肉红。上体金橄榄褐色；下体浅棕白色；除颏、喉、腹中部外，身体余部密布黑色鳞状斑。

【生境】栖息于森林、林缘地带，以及农田、村落附近的疏林灌丛中。

【习性】单独或成对活动。性胆怯。多在林下灌丛或地面上觅食。主要以昆虫为食，也吃果实、种子、嫩叶等。

【居留情况】常见冬候鸟或旅鸟。

【IUCN 濒危等级】无危（LC）。

174 黑胸鸫　Black-breasted Thrush　*Turdus dissimilis*

【特征】体长 23 cm。眼褐色。嘴黄色。脚角黄。雄鸟头、颈、上胸黑色；上体余部黑灰；下胸、两胁棕栗色，腹以下白色。雌鸟上体橄榄褐；喉白，上胸橄榄褐色并具黑色点斑。

【生境】栖息于阔叶林、针阔混交林中。

【习性】单独或成对活动。性胆怯，善于藏匿。多在林下杜鹃灌丛、蕨类植物丛的落叶层中觅食。以昆虫、蜗牛、果实、种子等为食。

【居留情况】常见留鸟。

【IUCN 濒危等级】无危（LC）。

175 灰翅鸫 Grey-winged Blackbird *Turdus boulboul*

【特征】体长 28 cm。眼褐色。嘴橘黄。脚黄褐。雄鸟通体黑色;翼斑淡灰;腹、尾下覆羽具银灰色鳞状斑。雌鸟通体棕褐;翼斑淡红褐色。

【生境】栖息于茂密的常绿阔叶林和针阔混交林中。

【习性】单独或成对活动。性胆怯,善于隐匿。多在林下灌丛中活动、觅食。以昆虫、蚯蚓、蜗牛和果实、种子等为食。

【居留情况】罕见夏候鸟。

【IUCN 濒危等级】无危（LC）。

176 乌鸫　Chinese Blackbird　*Turdus mandarinus*

【特征】体长 28 cm。眼褐色，眼圈黄色。嘴橙黄。脚黑褐。雄鸟通体黑色。雌鸟通体黑褐沾棕；下体具不明显的暗色纵纹。

【生境】栖息于果园、公园，以及农田、居民区附近的树林中。

【习性】单独或成对活动。多隐藏在高大树木茂密的枝叶间，在地面上觅食。主要吃果实、种子和昆虫等。

【居留情况】常见留鸟。

【IUCN 濒危等级】无危（LC）。

177 灰头鸫 Chestnut Thrush *Turdus rubrocanus*

【特征】体长 25 cm。眼暗褐。嘴、脚黄色。雄鸟头、颈、上胸灰褐；翼、尾黑色；尾下覆羽黑色，杂以白色斑纹；身体余部棕栗色。雌鸟似雄鸟，但颏、喉白色，并具暗色纵纹。

【生境】栖息于山地森林和林缘地带。

【习性】单独活动。性机警。多在树枝上或林下落叶层中觅食。主要以昆虫、果实、种子为食。

【居留情况】常见旅鸟。

【IUCN 濒危等级】无危（LC）。

178 宝兴歌鸫　**Chinese Thrush**　*Turdus mupinensis*

【特征】体长 23 cm。眼褐色。嘴暗褐，下嘴基部黄色。脚肉色。上体橄榄褐色；翼、尾暗褐，具 2 道浅皮黄色翼斑；眉纹淡棕白；头侧亦为淡棕白，具黑色的颚纹、耳后斑和细小点斑；下体白色，满布黑色点斑。

【生境】栖息于针阔混交林、针叶林中。

【习性】单独或成对活动。多在水边潮湿的栎树林、松树林下觅食。以昆虫、浆果等为食。

【居留情况】罕见留鸟。

【IUCN 濒危等级】无危（LC）。

// 鹟科 Muscicapidae

179 红胁蓝尾鸲 Orange-flanked Bluetail *Tarsiger cyanurus*

【特征】体长 15 cm。眼褐色。嘴黑色。脚褐色。雄鸟眉纹白色；上体灰蓝，肩、腰、尾上覆羽蓝色；下体白色，胸侧沾灰褐，两胁橙红。雌鸟似雄鸟，但眉纹不明显，上体橄榄褐，腰、尾上覆羽灰蓝。

【生境】栖息于森林和林缘灌草丛中。

【习性】单独或成对活动。多在林下阴暗、潮湿的灌草丛中或地面上觅食。以昆虫、蜘蛛和草籽、果实等为食。

【居留情况】常见冬候鸟。

【IUCN 濒危等级】无危（LC）。

180 蓝眉林鸲 Himalayan Bluetail *Tarsiger rufilatus*

【特征】体长 14 cm。眼褐色。嘴黑色。脚黑褐。雄鸟眉纹亮蓝；上体深蓝，肩、腰、尾上覆羽亮蓝；下体灰白，胸侧深蓝，两胁橙黄。雌鸟与红胁蓝尾鸲雌鸟相似，但腰更蓝。

【生境】栖息于林下灌丛中。

【习性】单独或成对活动。停歇时尾会上下晃动。多在林下灌丛中或地面上活动、觅食。主要以昆虫为食。

【居留情况】常见夏候鸟。

【IUCN 濒危等级】无危（LC）。

181 鹊鸲 **Oriental Magpie Robin** *Copsychus saularis*

【特征】体长 20 cm。眼褐色。嘴黑色。脚灰褐。雄鸟体羽亮黑；翼上大横斑、外侧尾羽及腹、尾下覆羽白色。雌鸟黯淡，羽色灰黑。

【生境】栖息于次生林、竹林和林缘地带，以及居民区附近的树林、灌丛中。

【习性】单独或成对活动。性活泼，不畏人。晨昏时多在树梢、屋顶上鸣唱，鸣声婉转。停歇时尾上下摆动。主要以昆虫等为食。

【居留情况】常见留鸟。

【IUCN 濒危等级】无危（LC）。

182 白喉红尾鸲　White-throated Redstart　*Phoenicuropsis schisticeps*

【特征】体长 20 cm。眼褐色。嘴、脚黑色。雄鸟头顶灰蓝；上体黑色，翼斑白色；腰、尾上覆羽、尾基部，以及下体栗棕色；下喉中央具明显白斑。雌鸟体羽橄榄褐色，喉亦具白斑。

【生境】栖息于高山森林、灌丛中。

【习性】单独或成对活动。性活泼，常在灌丛中跳跃、觅食。主要以昆虫为食，也吃果实、种子等。

【居留情况】罕见留鸟。

【IUCN 濒危等级】无危（LC）。

183 蓝额红尾鸲 Blue-fronted Redstart *Phoenicuropsis frontalis*

【特征】体长 16 cm。眼褐色。嘴、脚黑色。雄鸟额及短眉纹亮蓝色；头、背、喉、上胸蓝黑；腰、尾上覆羽及下体余部橙棕色；尾亦为橙棕色，中央尾羽和外侧尾羽端部黑色，形成倒"T"形。雌鸟体羽暗棕褐色，眼圈白色，尾亦具倒"T"形图案。

【生境】栖息于亚高山针叶林、高山灌丛中，冬季迁至中低山区域活动。

【习性】单独或成对活动。多在矮树枝上或灌丛中穿梭、觅食。停歇时尾上下摆动。主要以昆虫为食，也吃果实、种子等。

【居留情况】常见留鸟。

【IUCN 濒危等级】无危（LC）。

184 北红尾鸲　Daurian Redstart　*Phoenicurus auroreus*

【特征】体长 15 cm。眼褐色。嘴、脚黑色。雄鸟头顶至上背石板灰；额、下背、翼、中央尾羽和头侧、喉、上胸黑色；翼斑白色；身体余部橙棕。雌鸟体羽大多为橄榄褐色，眼圈黄白，翼亦具白斑，腰、尾橙棕。

【生境】栖息于森林、林缘地带，以及居民区附近的低矮树丛、灌丛中。

【习性】单独或成对活动。常停息在低矮的枝条上搜寻猎物，捕捉后返回原位等候。主要以昆虫为食。

【居留情况】常见冬候鸟或旅鸟。

【IUCN 濒危等级】无危（LC）。

185 红尾水鸲 Plumbeous Water Redstart *Rhyacornis fuliginosa*

【特征】体长 14 cm。眼褐色。嘴黑色。脚褐色。雄鸟体羽大多为暗蓝灰色；尾上下覆羽和尾羽均为栗红色。雌鸟上体灰褐沾蓝，具 2 道白色点状翼斑；尾上下覆羽及尾基部为白色；下体灰色，满布白色和淡蓝色斑。

【生境】栖息于河流、小溪和池塘岸边。

【习性】单独或成对活动。多在水边的树枝、岩石上或灌草丛中活动。停歇时尾上下摆动，也会将尾羽呈扇状散开，左右晃动。主要以昆虫为食，也吃果实、种子等。

【居留情况】常见留鸟。

【IUCN 濒危等级】无危（LC）。

186 白顶溪鸲　White-capped Water Redstart
Chaimarrornis leucocephalus

【特征】体长 19 cm。眼褐色。嘴、脚黑色。体羽大多为黑色；头顶白色；腰、腹、尾和尾上下覆羽均为栗红色；尾具明显的黑色端斑。

【生境】栖息于河流、小溪、池塘等的岸边。

【习性】单独或成对活动。常停歇在水中或水边的岩石上，尾竖起，散开呈扇形，也会上下摆动。以水生昆虫、软体动物等为食，也吃果实、草籽。

【居留情况】常见冬候鸟。

【IUCN 濒危等级】无危（LC）。

187 白尾蓝地鸲 White-tailed Robin *Myiomela leucurum*

【特征】体长 18 cm。眼褐色。嘴、脚黑色（♂）或黑褐（♀）。雄鸟体羽大致为蓝黑色；额、眉纹、肩亮蓝；翼、尾黑色，尾基两侧具白斑。雌鸟体羽大致为暗棕褐色；眼圈皮黄色；尾基亦具白斑。

【生境】栖息于常绿阔叶林、混交林的林下灌丛中。

【习性】单独或成对活动。性隐匿，多在林下阴暗、潮湿的矮树枝或地面上活动、觅食。尾羽常常展开，不停摆动。主要以昆虫为食，也吃果实、种子。

【居留情况】罕见留鸟。

【IUCN 濒危等级】无危（LC）。

188 紫啸鸫 Blue Whistling Thrush *Myophonus caeruleus*

【特征】体长 32 cm。眼暗褐。上嘴黑色，上嘴缘和下嘴蜡黄。脚黑色。通体深蓝紫，满布亮蓝色斑点。

【生境】栖息于山地森林中的山涧、溪流沿岸。

【习性】单独或成对活动。性机警、活泼。多在水边的岩石上跳跃、觅食。主要以昆虫为食，也吃果实、种子。

【居留情况】常见留鸟。

【IUCN 濒危等级】无危（LC）。

189 黑喉石䳭 Siberian Stonechat *Saxicola maurus*

【特征】体长 14 cm。眼褐色。嘴、脚黑色。雄鸟头黑色；上体黑褐，颈侧、肩具白斑；腰白色；下体棕红或淡棕色。雌鸟上体灰褐，杂以黑褐色斑纹；喉淡棕白，下体余部淡棕。

【生境】栖息于旷野、荒原，以及农田附近的灌草丛中。

【习性】单独或成对活动。多停歇在矮树枝、灌丛或农作物上，身体竖直，尾上下摆动。主要吃昆虫、蜘蛛、蚯蚓等，也吃果实、种子。

【居留情况】常见留鸟或夏候鸟。

【IUCN 濒危等级】无危（LC）。

190 灰林䳡　Grey Bushchat　*Saxicola ferreus*

【特征】体长 15 cm。眼褐色。嘴、脚黑色。雄鸟上体暗灰，具黑褐色纵纹；眉纹白色，具宽阔的黑色脸罩；颏、喉白色，胸、腹烟灰，下体余部灰白。雌鸟上体棕褐色；眉纹白色，脸罩棕褐；颏、喉白，下体余部灰棕白。

【生境】栖息于林缘地带，以及农田附近的疏林灌丛中。

【习性】单独或成对活动。多停歇在低矮树枝或电线上。主要以昆虫为食，也吃果实、草籽。

【居留情况】常见留鸟。

【IUCN 濒危等级】无危（LC）。

191 蓝矶鸫 Blue Rock Thrush *Monticola solitarius*

【特征】体长 23 cm。眼褐色。嘴、脚黑色。雄鸟通体灰蓝色。雌鸟上体暗灰蓝；下体皮黄，密布黑色鳞状斑。

【生境】栖息于多岩石的山地、水域附近。

【习性】单独或成对活动。多停歇在矮树枝头、岩石、电线上。主要以昆虫为食，也吃果实、种子等。

【居留情况】常见留鸟。

【IUCN 濒危等级】无危（LC）。

192 栗腹矶鸫 Chestnut-bellied Rock Thrush *Monticola rufiventris*

【特征】体长 24 cm。眼暗褐。嘴黑
色。脚黑褐。雄鸟上体亮钴蓝色；
头侧、颈侧黑色；颏、喉暗蓝，下
体余部栗红。雌鸟上体橄榄褐，下
体浅皮黄，均具黑褐色鳞状斑。

【生境】栖息于山地森林和林缘地带。

【习性】单独或成对活动。多停歇
在树木上层的树枝上，尾上下晃动。
主要以昆虫为食，也吃果实、种子。

【居留情况】常见留鸟。

【IUCN 濒危等级】无危（LC）。

193 乌鹟 Dark-sided Flycatcher *Muscicapa sibirica*

【特征】体长 13 cm。眼暗褐。嘴、脚黑色。上体乌灰褐色；翼、尾黑褐，具皮黄色翼斑，翼尖超过尾的 2/3 处；眼圈白色，具白色半颈环；下体白色，胸、两胁具粗著的乌灰色纵纹。

【生境】栖息于阔叶林、次生林和林缘疏林灌丛中。

【习性】单独活动。多在树木上层的枝叶间停息、觅食，很少下到地面上活动。主要以昆虫为食。

【居留情况】常见旅鸟。

【IUCN 濒危等级】无危（LC）。

194 北灰鹟　Asian Brown Flycatcher　*Muscicapa dauurica*

【特征】体长 13 cm。眼褐色。嘴、脚黑色，下嘴基部黄色。上体灰褐；翼、尾暗褐，翼尖长至尾的 1/2 处；眼先、眼圈白色；下体灰白，胸、两胁淡灰褐。

【生境】栖息于次生林、林缘疏林灌丛，以及农田附近的树林、竹林中。

【习性】单独或成对活动。性机警，善于隐匿。多停歇在树木中下部的侧枝上。主要以昆虫为食，也吃蜘蛛、花等。

【居留情况】常见旅鸟或冬候鸟。

【IUCN 濒危等级】无危（LC）。

195 白眉姬鹟 Yellow-rumped Flycatcher *Ficedula zanthopygia*

【特征】体长 13 cm。眼褐色。嘴黑色。脚铅黑。雄鸟眉纹白色；上体黑色，腰鲜黄，具白色翼斑；下体鲜黄。雌鸟上体橄榄绿；下体淡黄绿。

【生境】栖息于低山森林和林缘疏林中。

【习性】单独或成对活动。性胆怯、机警。多在低矮的树枝或灌木上活动、觅食。以昆虫为食。

【居留情况】罕见旅鸟。

【IUCN 濒危等级】无危（LC）。

196 红喉姬鹟 Taiga Flycatcher *Ficedula albicilla*

【特征】体长 13 cm。眼褐色。嘴、脚黑色。雄鸟夏羽上体灰褐；尾上覆羽、尾黑褐，外侧尾羽基部白色；眼先、眼圈白色；喉橙黄，下体白色，胸、两胁沾灰。冬羽喉白。雌鸟似雄鸟冬羽。

【生境】栖息于次生林、杂木林，以及居民区附近的疏林灌丛中。

【习性】单独或成对活动。性活泼，多在枝叶间跳跃。停歇时常将尾羽散开、收拢，上下晃动。主要以昆虫为食。

【居留情况】常见旅鸟或冬候鸟。

【IUCN 濒危等级】无危（LC）。

197 铜蓝鹟 *Verditer Flycatcher* *Eumyias thalassinus*

【特征】体长 17 cm。眼褐色。嘴、脚黑色。雄鸟通体铜蓝色；额、眼先、颏黑色，尾下覆羽具白色鳞状斑。雌鸟似雄鸟，但额、颏白色，下体灰蓝。

【生境】栖息于阔叶林、次生林，以及居民区附近的疏林灌丛中。

【习性】单独或成对活动。性不畏人。多出现在树木上层，也在矮树、灌丛的枝叶间觅食。主要以昆虫为食，也吃果实、种子等。

【居留情况】常见留鸟。

【IUCN 濒危等级】无危（LC）。

198 山蓝仙鹟　Hill Blue Flycatcher　*Cyornis banyumas*

【特征】体长 15 cm。眼褐色。嘴黑色。脚淡褐。雄鸟额、眉纹辉蓝；上体深蓝，翼、尾黑褐沾蓝；额基、眼先和颊、耳羽、颏基黑色；颏、喉、胸橙棕，两胁淡棕，下腹、尾下覆羽白色。雌鸟上体橄榄褐色，额基、眼圈淡棕。

【生境】栖息于阔叶林、次生林、竹林中。

【习性】单独或成对活动。性胆怯、活泼。常出现在低矮树林和灌丛中。主要以昆虫为食，也吃果实、种子。

【居留情况】常见留鸟。

【IUCN 濒危等级】无危（LC）。

199 棕腹大仙鹟 Fujian Niltava *Niltava davidi*

【特征】体长 18 cm。眼褐色。嘴、脚黑色。雄鸟头顶前部、颈侧斑、肩、腰、尾上覆羽辉钴蓝色;上体余部暗蓝色;额、头侧和颏、喉黑色;下体余部橙棕。雌鸟上体橄榄褐色;下体较淡,亦具辉钴蓝色颈侧斑,下喉具白色斑。

【生境】栖息于阔叶林林下或林缘的灌丛中。

【习性】单独或成对活动。主要以昆虫、昆虫幼虫为食。

【居留情况】罕见留鸟。

【IUCN 濒危等级】无危(LC)。

200 棕腹仙鹟　Rufous-bellied Niltava　*Niltava sundara*

【特征】体长 18 cm。眼褐色。嘴黑色。脚角褐。雄鸟头顶至枕、颈侧斑、肩、腰、尾上覆羽辉钴蓝色；背、翼上大覆羽紫蓝黑色；额、头侧和颊、喉黑色，下体余部橙棕，两色交汇处平直。雌鸟上体橄榄褐色；下体色淡，颈侧亦具辉钴蓝色斑，上胸具白色斑。

【生境】栖息于阔叶林、混交林的林下灌丛中。

【习性】单独或成对活动。常在湿润茂密的林下灌丛或低矮树枝上静立，等候猎物。主要以昆虫为食，也吃果实和种子。

【居留情况】常见夏候鸟。

【IUCN 濒危等级】无危（LC）。

叶鹎科 Chloropseidae

201 橙腹叶鹎 Orange-bellied Leafbird *Chloropsis hardwickii*

【特征】体长 20 cm。眼褐色。嘴、脚黑色。雄鸟额至后颈蓝绿；上体草绿，具亮钴蓝色肩斑；翼黑色，具深蓝色羽缘；尾蓝黑色；髭纹亮钴蓝色；头侧、喉、上胸蓝黑，两胁绿色，下体余部橙黄。雌鸟上体草绿；髭纹淡钴蓝色；下体浅绿，腹部中央、尾下覆羽橙黄。

【生境】栖息于阔叶林、混交林，以及村庄附近的树林中。

【习性】成对或小群在树冠层的枝叶间活动。以昆虫、蜘蛛、果实、种子、花粉等为食。

【居留情况】常见留鸟。

【IUCN 濒危等级】无危（LC）。

// 啄花鸟科 Dicaeidae

202 黄臀啄花鸟　Yellow-vented Flowerpecker
Dicaeum chrysorrheum

【特征】体长 9 cm。眼橘黄。嘴黑，下嘴基部色浅。脚灰黑。雄鸟上体橄榄黄；下体皮黄白色，满布绿褐色纵纹；尾下覆羽橘黄。雌鸟似雄鸟，但尾下覆羽淡黄。

【生境】栖息于阔叶林、混交林、次生林，以及居民区附近的树林中。

【习性】单独或成对活动。常在枝叶间或花丛中跳跃、觅食。主要以昆虫、果实为食。

【居留情况】罕见留鸟。

【IUCN 濒危等级】无危（LC）。

203 红胸啄花鸟 Fire-breasted Flowerpecker *Dicaeum ignipectus*

【特征】体长 9 cm。眼褐色。嘴、脚黑褐。雄鸟上体辉蓝；头侧、颈侧、胸侧黑色沾灰；下体棕黄，具朱红色胸斑，腹中央具明显的黑色纵纹。雌鸟上体橄榄绿；下体棕黄。

【生境】栖息于阔叶林、混交林、人工林，以及村庄附近的树林中。

【习性】单独、成对或小群活动，有时与绣眼等小鸟混群。性活泼，常在树木顶部或有花的、有寄生植物的树枝上跳跃、觅食。主要以昆虫、果实、花蕊、花蜜等为食。

【居留情况】常见留鸟。

【IUCN 濒危等级】无危（LC）。

// 花蜜鸟科 Nectariniidae

204 蓝喉太阳鸟　Mrs Gould's Sunbird　*Aethopyga gouldiae*

【特征】体长 14 cm。眼褐色。嘴黑色，细长，略向下弯。脚褐色。雄鸟头、背、肩、胸朱红；腰、腹黄色；额、头顶、颏、喉、尾上覆羽和特别延长的中央尾羽均为辉紫蓝色；耳后、胸侧具辉紫蓝色斑；翼黑褐，羽缘橄榄绿。雌鸟上体橄榄绿，腰黄；喉、胸灰绿，下体余部绿黄。

【生境】栖息于阔叶林、竹林，以及居民区附近的疏林灌丛中。

【习性】单独或成对活动。性活泼、胆怯。多在开花的或有寄生植物的树木顶层枝叶、花丛中活动、觅食。主要以花蜜、花蕊和昆虫等为食。

【居留情况】常见留鸟。

【IUCN 濒危等级】无危（LC）。

梅花雀科 Estrildidae

205 白腰文鸟　White-rumped Munia　*Lonchura striata*

【特征】体长 11 cm。眼褐色。嘴上黑下灰。脚灰色。上体暗栗褐，具白色细纵纹；腰白色；翼黑褐；尾黑，呈楔状；额、嘴基、眼先、颏、喉黑褐；颈侧、上胸、尾下覆羽栗褐，下体余部近白。

【生境】栖息于林缘地带，以及池塘、农田、村落等附近的竹丛和灌草丛中。

【习性】成群活动。性温顺，不甚畏人。常在矮树枝上、灌草丛中或地面上活动、觅食。主要以农作物种子、果实、草籽、嫩叶等为食，也吃少量昆虫。

【居留情况】常见留鸟。

【IUCN 濒危等级】无危（LC）。

206 斑文鸟 **Scaly-breasted Munia** *Lonchura punctulata*

【**特征**】体长 10 cm。眼褐色。嘴黑。脚铅褐。上体棕褐，具白色细纵纹；下背至尾上覆羽色浅，具白色鳞状斑；额、眼先、头侧、颏、喉暗栗褐；下体余部白色，具暗褐色鳞状斑。幼鸟上体褐色；下体皮黄褐，无鳞状斑。

【**生境**】栖息于林缘地带，以及农田、村落附近的疏林灌丛中。

【**习性**】成群在矮树林、竹林、灌草丛中活动。以谷物、草籽、果实、种子等为食，也吃昆虫。

【**居留情况**】常见留鸟。

【**IUCN 濒危等级**】无危（LC）。

// 雀科 Passeridae

207 家麻雀　House Sparrow　*Passer domesticus*

【特征】体长 15 cm。眼褐色。嘴黑（♂）或褐色（♀）。脚肉褐。雄鸟额至头顶、腰灰色；上体棕栗，杂以黑色纵纹，具白色翼斑；眼先、眼周黑色，眼后栗色；耳羽、颊白色；颏、喉及上胸黑色，下体余部白色。雌鸟具黄白色眉纹；头顶、腰灰褐，背土褐具黑色纵纹；下体灰色。

【生境】栖息于农田、村镇等人居环境及附近区域。

【习性】成群活动。多在房前屋后和农田、小树林、灌丛、草地中活动、

觅食。主要吃农作物种子、草籽等，也吃昆虫。

【居留情况】罕见冬候鸟。

【IUCN 濒危等级】无危（LC）。

208 山麻雀　Russet Sparrow　*Passer cinnamomeus*

【**特征**】体长 14 cm。眼褐色。嘴黑色。脚黄褐。雄鸟上体栗红，背具黑色纵纹；翼、尾暗褐，具白色翼带；颏、喉中线黑色，头侧、下体灰白。雌鸟上体沙褐，具宽阔的皮黄白色眉纹和黑褐色贯眼纹；下体淡灰棕。

【**生境**】栖息于森林、灌丛，以及居民区附近区域。

【**习性**】成小群活动。常结群在枝头上、灌丛中活动、觅食。主要以昆虫和农作物种子、果实、草籽等为食。

【**居留情况**】常见留鸟。

【**IUCN 濒危等级**】无危（LC）。

// 鹡鸰科 Motacillidae

209 黄头鹡鸰 Citrine Wagtail *Motacilla citreola*

【特征】体长 18 cm。眼暗褐。嘴、脚黑色。雄鸟头部及下体亮黄色；上体余部黑色或深灰；翼、尾黑褐，具 2 道白色翼斑，外侧两对尾羽白色；尾下覆羽白色。雌鸟羽色暗淡，耳羽、上体灰褐。

【生境】栖息于湖畔、河边，以及水域附近的草地和浅水滩。

【习性】单独或小群在水边活动、觅食。飞行和停歇姿态与其他鹡鸰相似。主要以昆虫为食。

【居留情况】常见旅鸟、冬候鸟或夏候鸟。

【IUCN 濒危等级】无危（LC）。

210 灰鹡鸰　Gray Wagtail　*Motacilla cinerea*

【特征】体长 19 cm。眼褐色。嘴黑褐。脚肉褐。雄鸟冬羽眉纹白色；头侧、上体暗灰，腰黄绿；翼、尾黑褐，外侧尾羽白色；喉白色，下体鲜黄。夏羽喉黑色。雌鸟似雄鸟冬羽，但羽色暗淡，下体黄白。

【生境】栖息于水域附近的湿草地、滩涂、农田中。

【习性】单独或小群活动，有时也与白鹡鸰混群。飞行和停歇姿态与其他鹡鸰相似。多停歇在水边的岩石、树枝、电线上，在地面上觅食。主要吃昆虫、蜘蛛等。

【居留情况】常见旅鸟或冬候鸟。

【IUCN 濒危等级】无危（LC）。

211 白鹡鸰 White Wagtail *Motacilla alba*

【特征】体长 20 cm。眼 黑褐。嘴、脚黑色。上体黑或灰色；翼、尾黑色，具白色翼斑，外侧尾羽白色；下体白，胸具黑斑。

【生境】栖息于水域附近的湿草地、滩涂、农田，以及公园、居民区等人居环境中。

【习性】单独或小群活动。飞行时上下起伏，呈波浪状前进。多在地面上活动、觅食，停歇时尾部上下摆动。主要以昆虫为食，也吃蜘蛛、种子、浆果等。

【居留情况】常见冬候鸟或留鸟。

【IUCN 濒危等级】无危（LC）。

212 田鹨　Richard's Pipit　*Anthus richardi*

【特征】体长 18 cm。眼褐色。嘴暗褐，下嘴基部色淡。脚肉褐，后爪甚长于后趾。上体棕褐，具暗褐色纵纹；眉纹淡棕白，耳羽棕褐，颊纹、颚纹黑褐；下体淡棕白，胸、两胁沾黄，胸具暗褐色纵纹。

【生境】栖息于荒原、草地、农田、沼泽中。

【习性】单独或成对活动。多停歇在低矮灌丛或地面上。主要以昆虫为食，也吃草籽等。

【居留情况】常见冬候鸟。

【IUCN 濒危等级】无危（LC）。

213 树鹨 Olive-backed Pipit *Anthus hodgsoni*

【特征】体长 15 cm。眼褐色。嘴黑褐，下嘴基部色淡。脚肉色。上体橄榄绿褐，具黑褐色纵纹；眉纹淡棕白，前端沾黄；耳后具特征性小白斑，颚纹黑褐；下体白色，胸、两胁沾棕黄，满布黑色纵纹。

【生境】栖息于森林、林缘地带，以及居民区附近的疏林灌丛中。

【习性】成对或小群活动。常在地面上觅食，停歇时尾部上下摆动。以昆虫、蜘蛛、蜗牛等为食，也吃草籽、苔藓和谷物等。

【居留情况】常见冬候鸟或夏候鸟。

【IUCN 濒危等级】无危（LC）。

214 粉红胸鹨　Rosy Pipit　*Anthus roseatus*

【特征】体长 15 cm。眼褐色。嘴黑褐，下嘴基部略淡。脚褐色或肉色。夏羽上体橄榄灰褐色，头顶、背具黑褐色纵纹，腰无纵纹；翼黑褐，肩羽、初级飞羽沾柠檬黄色；眉纹长，白色沾粉；下体淡棕白，胸葡萄红，两胁具黑色纵纹。冬羽似夏羽，但胸呈棕黄色，并具黑色纵纹。

【生境】栖息于林缘、旷野、沼泽、草地、农田中。

【习性】单独或小群活动。性活泼、不怕人。常在草地上或稀疏的灌丛中觅食。以昆虫、草籽、浆果、谷物等为食。

【居留情况】罕见留鸟。

【IUCN 濒危等级】无危（LC）。

215 红喉鹨 Red-throated Pipit *Anthus cervinus*

【特征】体长 15 cm。眼褐色。嘴黑褐，基部色淡。脚淡褐。雄鸟夏羽上体橄榄灰褐色，具黑褐色纵纹；眉纹、喉、胸棕红色，下体余部淡棕黄，下胸、腹、两胁具黑褐色纵纹。冬羽眉纹、喉淡皮黄色。雌鸟似雄鸟，但夏羽喉呈暗粉红色。

【生境】栖息于次生林、林缘地带，也见于旷野、农田和水域附近。

【习性】单独或小群在地面上活动、觅食。主要以昆虫、草籽为食

【居留情况】罕见冬候鸟。

【IUCN 濒危等级】无危（LC）。

// 燕雀科 Fringillidae

216 燕雀　Brambling　*Fringilla montifringilla*

【特征】体长 16 cm。眼褐色。嘴黄，端黑。脚粉褐。雄鸟上体黑色，具浅棕色羽端；腰、尾上覆羽白色；翼、尾黑色，翼上具棕色和白色斑；颏、喉、胸及两胁棕色，两胁具黑色点斑，下体余部白色。雌鸟似雄鸟，但羽色较淡，头侧、颈侧灰色。

【生境】栖息于森林、林缘疏林，以及农田、村庄附近的树林中。

【习性】成群活动。多在林下地面上觅食。以草籽、种子、果实、农作物为食，也吃昆虫等。

【居留情况】常见冬候鸟。

【IUCN 濒危等级】无危（LC）。

217 黑尾蜡嘴雀 Chinese Grosbeak *Eophona migratoria*

【特征】体长 17 cm。眼褐色。嘴黄，端黑。脚粉褐。雄鸟头辉黑，背、肩灰棕褐，腰、尾上覆羽灰色；翼、尾黑色，初级覆羽和初级、三级飞羽羽端白色；下体灰色，两胁沾棕，腹、尾下覆羽白色。雌鸟似雄鸟，但头为灰褐色。

【生境】栖息于森林、林缘地带，以及居民区附近的树林中。

【习性】单独或成对活动。性活泼、大胆。常在树冠层的枝叶间活动。主要以草籽、果实、种子、嫩叶、芽等为食，也吃昆虫。

【居留情况】罕见冬候鸟或旅鸟。

【IUCN 濒危等级】无危（LC）。

218 普通朱雀　Common Rosefinch　*Carpodacus erythrinus*

【特征】体长 15 cm。眼暗褐。嘴灰。
脚褐色。雄鸟额至枕、腰、尾上覆
羽赤红，背、肩暗褐沾红；翼、尾
黑褐，羽缘染红；颊、喉、胸亦为
赤红色，胸以下颜色渐淡，至腹、
尾下覆羽转为白色。雌鸟上体橄榄
褐；下体灰白，具暗褐色纵纹。

【生境】栖息于针叶林、针阔混交林
和林缘疏林灌丛中。

【习性】单独、成对或小群活动。性
活泼。多停歇在树梢或灌木顶枝上。
飞行呈波浪式前进。以果实、种子、
嫩叶、芽、花等为食，也吃昆虫。

【居留情况】常见夏候鸟。

【IUCN 濒危等级】无危（LC）。

219 黑头金翅雀 Black-headed Greenfinch *Chloris ambigua*

【特征】体长 13 cm。眼褐色。嘴、脚粉红。雄鸟头黑色；上体橄榄绿褐色；翼、尾黑色，翼上大覆羽和内侧三级飞羽具灰白色羽缘，翼斑和外侧尾羽基部金黄；下体橄榄黄色。雌鸟羽色较淡，头为暗褐色。

【生境】栖息于森林、林缘地带，以及农田、村落附近的疏林灌丛中。

【习性】成群活动。性活泼。常数十只集成大群一起停歇在树木顶部的枝条上，也会到灌丛中或地面上觅食。主要以草籽、果实、种子、农作物等为食，也吃昆虫。

【居留情况】常见留鸟。

【IUCN 濒危等级】无危（LC）。

/// 鹀科 Emberizidae

220 凤头鹀 Crested Bunting *Melophus lathami*

【特征】体长 17 cm。眼暗褐。嘴上褐下肉。脚肉褐。雄鸟体羽大致为亮黑色；头具冠羽；翼、尾栗红。雌鸟体羽多具暗色纵纹；羽冠略短；上体暗橄榄褐；下体污皮黄色。

【生境】栖息于森林、林缘地带，以及村庄附近的疏林灌丛中。

【习性】单独或成对活动。性大胆，不甚畏人。常停歇在枝头或电线上。主要以草籽、谷物等为食，也吃昆虫。

【居留情况】常见留鸟。

【IUCN 濒危等级】无危（LC）。

221 灰眉岩鹀 Godlewski's Bunting *Emberiza godlewskii*

【特征】体长 17 cm。眼褐色。嘴蓝灰。脚粉褐。头、颈及喉、胸蓝灰色；上体余部红褐色，具黑色纵纹；侧冠纹和贯眼纹栗色，眼先、颧纹黑色；下体余部棕黄。

【生境】栖息于疏林、灌丛、草坡等较开阔的生境中。

【习性】单独或成对活动。常停歇在枝头、电线上，边鸣唱边抖动身体和尾部。多在地面上觅食，边走边吃。主要以草籽、果实、种子、农作物等为食，也吃昆虫。

【居留情况】常见留鸟。

【IUCN 濒危等级】无危（LC）。

222 栗耳鹀　Chestnut-eared Bunting　*Emberiza fucata*

【特征】体长 16 cm。眼褐色。嘴褐色，下嘴基部肉褐。脚肉色。额至后颈烟灰，密布黑色细纵纹；上体棕栗，具黑色纵纹；耳羽栗红，颊纹白色；颚纹黑色，与胸带相连，形成"U"形领环；下胸、两胁棕红，下体余部白色。雌鸟似雄鸟，但黑色领环和下胸棕红色均不明显。

【生境】栖息于疏林、灌丛、草地中。

【习性】单独、成对或小群活动。常停歇在灌丛顶枝上鸣叫。多在草丛中活动、觅食。主要以昆虫为食，也吃谷物、草籽、果实等。

【居留情况】常见夏候鸟或留鸟。

【IUCN 濒危等级】无危（LC）。

223 小鹀 Little Bunting *Emberiza pusilla*

【特征】体长 13 cm。眼褐色。嘴上黑下灰。脚肉褐。夏羽头顶栗色，具黑色侧冠纹；上体沙褐，具黑褐色纵纹；翼、尾黑褐，外侧尾羽具白斑；头侧栗色，眼后纹黑色；颏、喉淡栗，下体白，胸、两胁具黑色纵纹。冬羽颏、喉白色。

【生境】栖息于林缘、旷野，以及农田附近的疏林灌丛中。

【习性】成小群活动。多在地面上、灌草丛中跳跃、觅食。飞行时尾羽会不时地散开、合拢。主要以草籽、果实、农作物等为食，也吃昆虫。

【居留情况】常见旅鸟或冬候鸟。

【IUCN 濒危等级】无危（LC）。

224 黄喉鹀　Yellow-throated Bunting　*Emberiza elegans*

【特征】体长 15 cm。眼褐色。嘴黑褐。脚肉色。雄鸟头顶、头侧黑色，具短羽冠；后枕鲜黄；背棕黄，具黑色纵纹；眉纹前白后黄；颏黑色，喉上黄下白；下体白色，具黑色大胸斑。雌鸟似雄鸟，但头褐色，胸斑不明显。

【生境】栖息于阔叶林、次生林和林缘疏林灌丛中。

【习性】单独或成对活动，有时也会结群。性活泼、胆怯。多在低矮的枝条上、灌草丛中活动，也会到地面上觅食。主要以昆虫为食，也吃草籽、农作物等。

【居留情况】常见夏候鸟或冬候鸟。

【IUCN 濒危等级】无危（LC）。

225 灰头鹀 Black-faced Bunting *Emberiza spodocephala*

【特征】体长 14 cm。眼褐色。上嘴暗褐，下嘴偏粉。脚肉褐。雄鸟头、颈、喉、上胸灰绿；上体余部棕褐，具黑色纵纹；翼、尾黑褐，具 2 道淡色翼斑；下体余部黄色，两胁具黑褐色纵纹。雌鸟上体棕褐具黑褐色纵纹；眉纹、颧纹皮黄白；喉、上胸橄榄黄色，下体余部黄白。

【生境】栖息于林缘地带，以及农田、村落附近的疏林灌丛中。

【习性】单独或成对活动。多在灌草丛中穿梭、跳跃。主要以昆虫、蜘蛛、蜗牛等为食，也吃草籽、农作物等。

【居留情况】常见夏候鸟。

【IUCN 濒危等级】无危（LC）。

参 考 文 献

廖峻涛，陈自明，陈明勇. 2015. 动物学野外实习指导 [M]. 2 版. 北京：高等教育出版社.

彭燕章，杨德华，匡邦郁，等. 1987. 云南鸟类名录 [M]. 昆明：云南科技出版社.

王紫江，何纪昌，匡邦郁. 1984. 昆明地区的鸟类区系 [J]. 云南大学学报（自然科学版），（2）：61-77.

王紫江，赵雪冰，罗康. 2015. 昆明地区鸟类 50 年的变化 [J]. 四川动物，34（4）：599-613.

杨岚，等. 1994. 云南鸟类志 上卷 非雀形目 [M]. 昆明：云南科技出版社.

杨岚，杨晓君，等. 2004. 云南鸟类志 下卷 雀形目 [M]. 昆明：云南科技出版社.

约翰·马敬能，卡伦·菲利普斯，何芬奇. 2000. 中国鸟类野外手册 [M]. 长沙：湖南教育出版社.

赵正阶. 2001. 中国鸟类志 [M]. 长春：吉林科学技术出版社.

郑光美. 2017. 中国鸟类分类与分布名录 [M]. 3 版. 北京：科学出版社.

King B F, Woodcock M, Dickinson E. 1983. A Field Guide to the Birds of South-East Asia [M]. London: Collins.

照 片 说 明

除本书笔者外，其他摄影者及其提供的照片分列如下。

李承祐（提供照片 **70** 张）：20 下左，21 上，37，70，74 下，79 下，82 上，83 上，87，93，100 下，101 上，106，108，115，116 下，122 下，124，126 下，127，140，145，147 下，151，153，154 上，155，162，166，176，181，182，183，186 上，187 下，189，190，192，201，205 下，208，217，223

陈明勇（提供照片 **42** 张）：13，28，64 上，65，67 上，68，73，75 下，78 上，80，84 上，88，110，118 上，132 上，146，147 上，152，167 左，175，193 下，200，203，204，218，225 上

姜志诚（提供照片 **29** 张）：23 下，27 下，38，39 下右，40 上，42，61 上，63 上，71 上，74 上，75 上，79 上，81 下，94 上，100 上，111 上，126 上，133 上，134 上，138 上，188 下，193 上，194，205 上，210 上，219 下

董永华（提供照片 **5** 张）：64 下，66，129

柳江（提供照片 **5** 张）：3，51，70 上

李正玲（提供照片 **2** 张）：144

李泽君（提供照片 **1** 张）：84 下

中文名索引

拉丁名索引

英文名索引